ドラゴンドリル

DRAGON WORKBOOK

小2 全科のまき

国語・算数・生活

大むかし，

ちきゅうには　つよい　力を　もった

ドラゴンたちが　生きて　いた。

しかし　あるとき，ドラゴンたちは

ばらばらに　され，ふういんされて　しまった…。

ドラゴンドリルは，

ドラゴンを　ふたたび　よみがえらせる　ための

アイテムで　ある。

ここには，5ひきの　ドラゴンの

たたかう　すがたが

ふういんされて　いるぞ。

ぼくの　なかまを

ふっかつ　させて！

ドラゴンマスターに

なるのは　キミだ！

なかまドラゴン

ドラコ

もくじ

ふういんページ

算数

生活

国語

りゅうぞく

たたかいを　もとめる　こおりの　せんし

ヒョウギン

えに シールを　はって、
ドラゴンを　ふっかつさせよう！

タイプ：みず

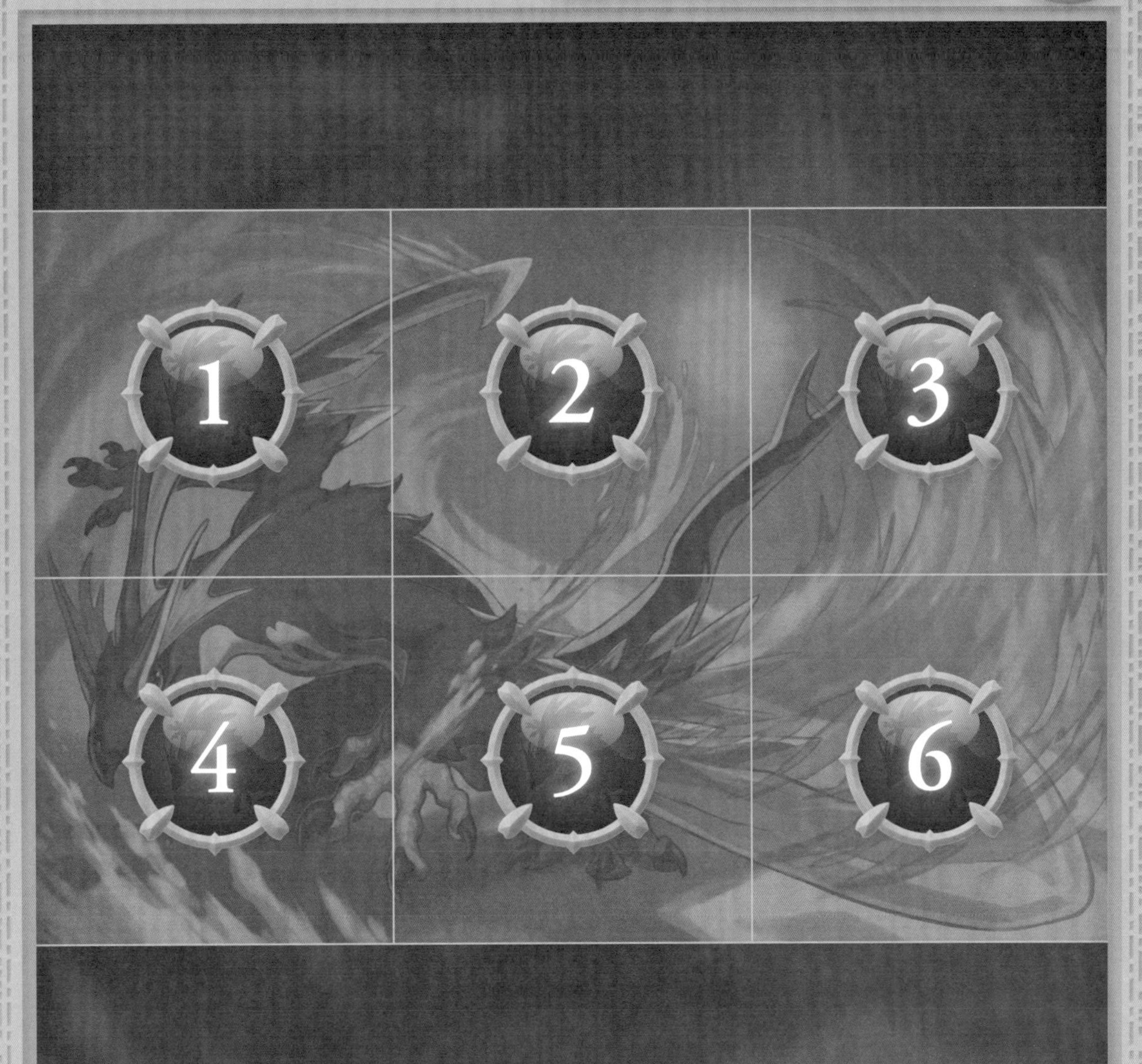

たいりょく	▮▮▮▮
こうげき	▮▮▮▮▮▮
ぼうぎょ	▮▮▮▮
すばやさ	▮▮▮▮▮

ひっさつわざ　**れいどきり**

うでから　のびた　こおりの
やいばで，てきを
すばやく　切りさく。

ドラゴンずかん

なまえ	ヒョウギン
タイプ	みず
ながさ	3 メートル
おもさ	250 キログラム
すんでいるところ	南きょく

うでの　大きな　やいばで　てきを　きりさいて　たたかう。こおりの　上で　たたかう　のが　とくい。どんな　ときも　ゆだんせず，まわりを　けいかい　している。

りゅうぞく

しぜんを　まもる　てんくうの　かみ

ティフォニウス

タイプ：かぜ・じめん

えに　シールを　はって、
ドラゴンを　ふっかつさせよう！

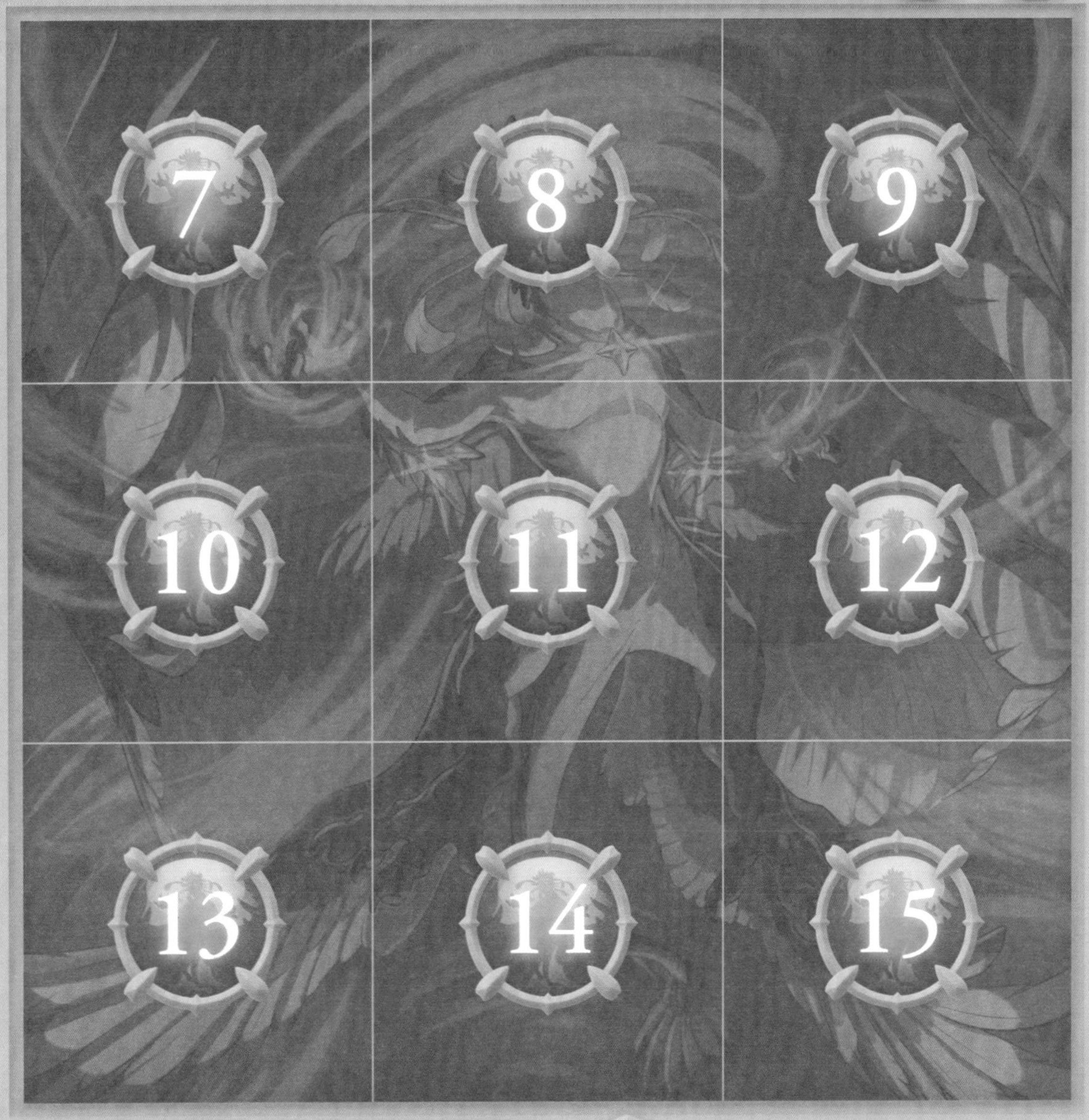

たいりょく

こうげき

ぼうぎょ

すばやさ

ひっさつわざ　ソウルウィンド

ちょうのうりょくで
たつまきを　おこす。山を
ばらばらに　して　しまう。

ドラゴンずかん

なまえ	ティフォニウス
タイプ	かぜ・じめん
ながさ	30 メートル
おもさ	25 トン
すんでいるところ	高い　山

ちょうのう力で　空気や　じめんを　あやつって　こうげきする。ふだんは　おだやかな　せいかくだが，しぜんを　こわす　てきには　ようしゃしない。

けもの
りゅう
ぞく

ジャングルに　ひそむ　白い　おに

ハクオーガ

タイプ：じめん

えに　シールを　はって、
ドラゴンを　ふっかつさせよう！

たいりょく

こうげき

ぼうぎょ

すばやさ

ひっさつ
わざ

オーガスマッシュ

かたい　よろいに
おおわれた　うでで、
力の　かぎり　パンチする。

ドラゴンずかん

なまえ	ハクオーガ
タイプ	じめん
ながさ	12 メートル
おもさ	30 トン
すんでいる ところ	ジャングル

きょう力な　パンチで　てきを　なぎたおす。うでの おおきな　うろこで　こうげきを　ふせぐ。きょうぼうな　せいかくなので　出あったら　きけんだ。

けものりゅうぞく

するどい　きばの　せんし

リーファング

えに　シールを　はって、
ドラゴンを　ふっかつさせよう！

タイプ：かぜ

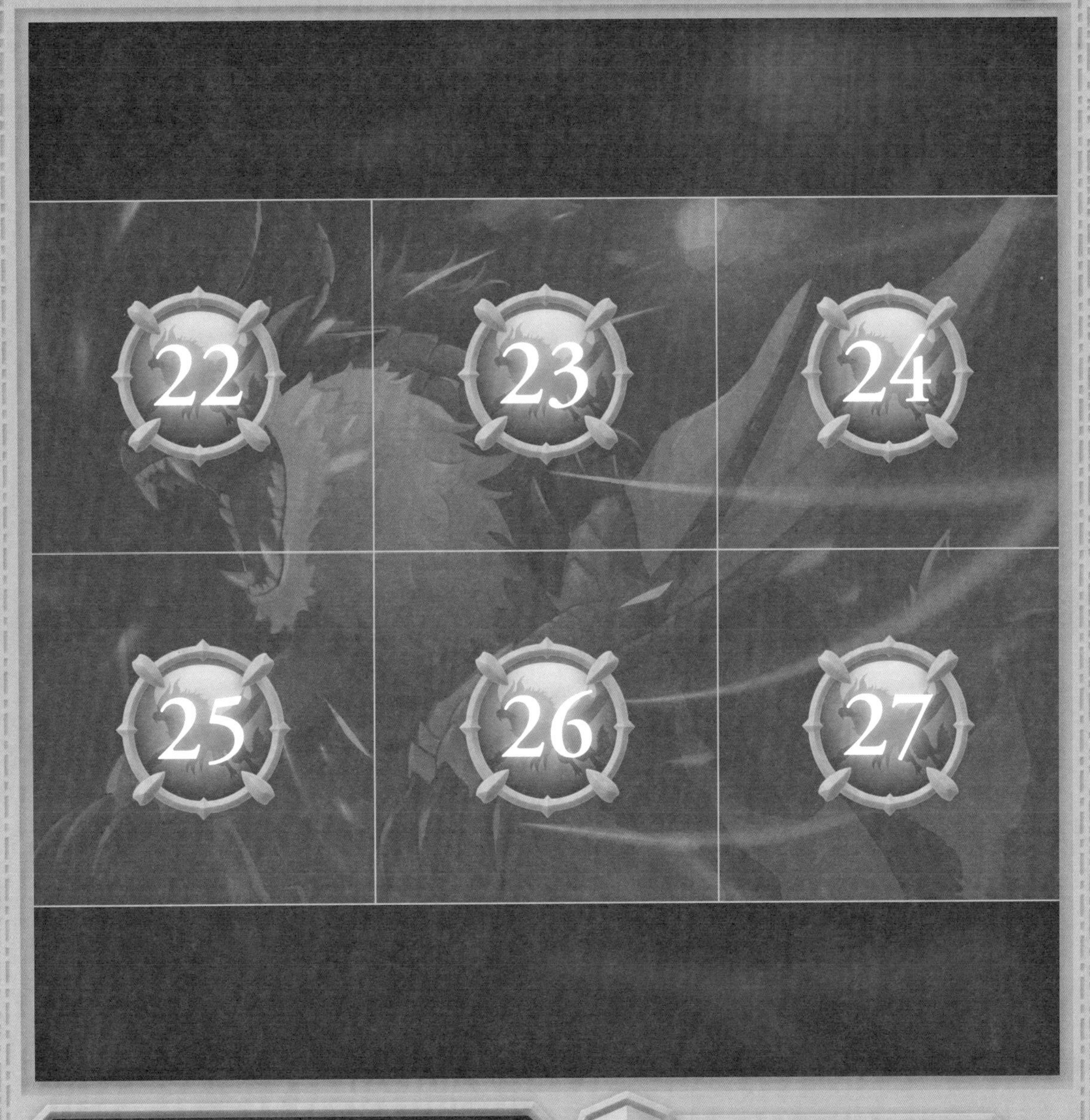

たいりょく

こうげき

ぼうぎょ

すばやさ

ひっさつわざ

ガルファング

すばやく　ジャンプして、
するどい　きばで　なんども
かみつく。

ドラゴンずかん

なまえ	リーファング
タイプ	かぜ
ながさ	6 メートル
おもさ	450 キログラム
すんでいるところ	森

はやい　足と　たかい　ジャンプ力を　生かして　おそいかかる。あたまが　よく，なかまと　れんけいして　てきを　おいつめる。よるに　なると　こうげきてきに　なる。

けもの
りゅう
ぞく

こおりと　ほのおの　ていおう

ガエンペル

タイプ：ほのお・みず

えに　シールを　はって、
ドラゴンを　ふっかつさせよう！

たいりょく
こうげき
ぼうぎょ
すばやさ

ひっさつ
わざ

てんちめっさつ

こおりの　いきで　てきの
うごきを　止(と)め、　ほのおで
やきつくす。

ドラゴンずかん

なまえ	ガエンペル
タイプ	ほのお・みず
ながさ	50 メートル
おもさ	70 トン
すんでいるところ	岩山(いわやま)

２つの　あたまで，ほのおと　こおりの　２しゅるいの　こうげきが　できる。ほこりたかい　せいかくで，じぶんに　はむかう　てきは　ぜったいに　ゆるさない。

ひょうと　グラフ，時こくと　時間

月　日

答え　85ページ

1 ぶきの　数を　しらべて，下の　ひょうに　あらわしました。

ぶきの　数

ぶき	けん	おの	やり	ゆみや
数	7	3	4	6

ぶきの　数

●			
●			
●			
●			
●			
●			
●			
けん	おの	やり	ゆみや

①　ぶきの　数を，●を　つかって，右の　グラフに　あらわしましょう。

②　やりは　何本　ありますか。　□本

③　いちばん　多い　ぶきは　何ですか。　□

2 今の　時こくは，3時40分です。つぎの　時こくや　時間を　答えましょう。

①　30分前の　時こく

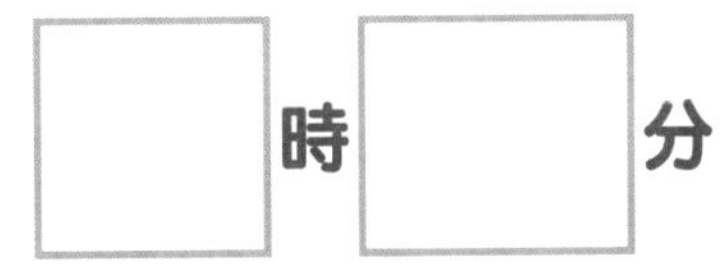

3 下の 絵を 見て 答えましょう。

① くだものの 数を，下の ひょうと 右の グラフに あらわしましょう。

くだものの 数

くだもの	りんご	いちご	もも	レモン	みかん
数	5				

くだものの 数

●				
●				
●				
●				
●				
りんご	いちご	もも	レモン	みかん

② いちごは，レモンより 何こ 多いですか。 □こ

4 □に あてはまる 数や 時こくを 書きましょう。

① 1時間＝□分　② 1日＝□時間

③ 8時15分の 40分後の 時こくは，□です。

④ 5時50分の 1時間前の 時こくは，□です。

ドラゴンの ひみつ

ヒョウギンは，さいしょの こうげきで てきの 強さを 見きわめる。

答えあわせを したら ①の シールを はろう！

たし算の　ひっ算①

月　日

答え 85ページ

1 計算(けいさん)を　しましょう。

①

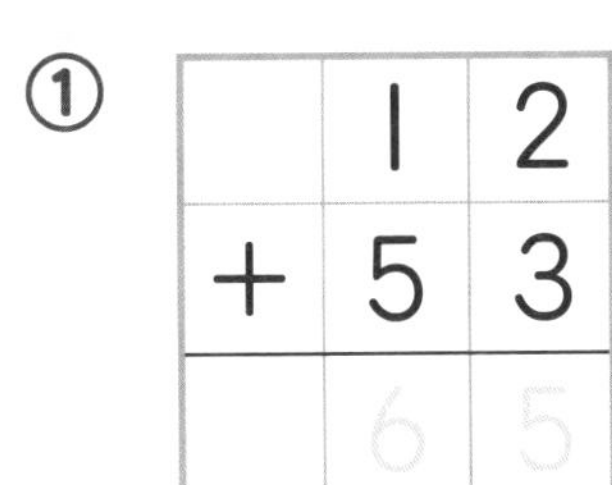

十のくらい　1+5=6

一のくらい　2+3=5

②

	5	4
+	2	0

③

	8	3
+		5

④

		4
+	7	2

⑤

	1	
	3	9
+	3	3
	7	2

一のくらいの　計算で
十のくらいに
1　くり上げます。
くり上げた　1を
小さく　書いて
計算しましょう。

1+3+3=7　←くり上げた 1

9+3=12

⑥

	3	5
+	1	8

⑦

	1	9
+	4	1

⑧

	7	4
+		9

⑨

		5
+	6	5

2 計算(けいさん)を　しましょう。⑦〜⑨は，ひっ算で　しましょう。

①
$$\begin{array}{r} 86 \\ +\ 12 \\ \hline \end{array}$$

②
$$\begin{array}{r} 40 \\ +\ 31 \\ \hline \end{array}$$

③
$$\begin{array}{r} 32 \\ +\ 27 \\ \hline \end{array}$$

④
$$\begin{array}{r} 19 \\ +\ 65 \\ \hline \end{array}$$

⑤
$$\begin{array}{r} 28 \\ +\ 24 \\ \hline \end{array}$$

⑥
$$\begin{array}{r} 27 \\ +\ 63 \\ \hline \end{array}$$

⑦ 33+46

$$\begin{array}{r} 33 \\ +\ 46 \\ \hline \end{array}$$

⑧ 67+18

⑨ 5+57

3 たまごが　28こ　あります。6こ　もらいました。
たまごは，ぜんぶで　何(なん)こに　なりましたか。

（しき）

答(こた)え　　こ

〈ひっ算〉

ヒョウギンが　りょううでの　やいばを
かまえたら，たたかう　合図(あいず)だ。

答えあわせを
したら　②の
シールを　はろう！

ひき算の　ひっ算①

月　　日

答え 85ページ

1 計算(けいさん)を　しましょう。

①

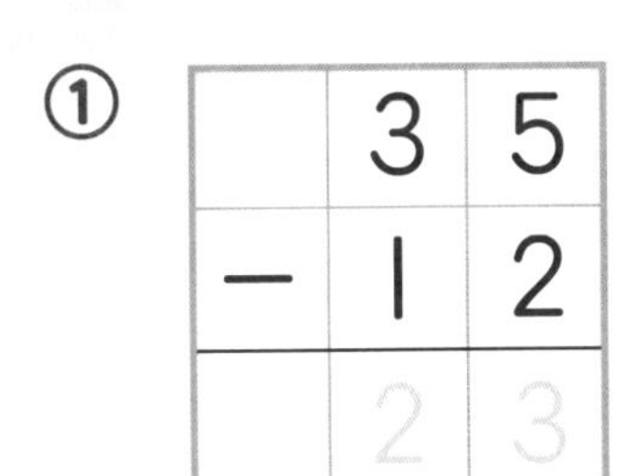

十のくらい↑　　↑一のくらい

3−1=2　　5−2=3

②

	7	6
−	2	0

③

	4	8
−	4	5

↑十のくらいの 0は　書かなくて　よい。

④

	8	6
−		4

⑤

	3 ~~4~~	3
−	1	9
	2	4

3−1=2↑　　↑1 くり下げて 13−9=4

一のくらいの　計算で
十のくらいから　1
くり下げます。
くり下げた　後(あと)の
数(かず)を　小さく　書いて
おきましょう。

⑥

	6	1
−	2	6

⑦

	7	0
−	5	3

⑧

	4	3
−	3	5

⑨

	6	1
−		8

2 計算を しましょう。⑦～⑨は，ひっ算で しましょう。

① $\begin{array}{r} 65 \\ -13 \\ \hline \end{array}$

② $\begin{array}{r} 81 \\ -21 \\ \hline \end{array}$

③ $\begin{array}{r} 79 \\ -75 \\ \hline \end{array}$

④ $\begin{array}{r} 45 \\ -29 \\ \hline \end{array}$

⑤ $\begin{array}{r} 90 \\ -47 \\ \hline \end{array}$

⑥ $\begin{array}{r} 62 \\ -53 \\ \hline \end{array}$

⑦ 89−37

⑧ 54−17

⑨ 80−2

3 りんごが 32こ あります。5こ 食べると，のこりは 何こに なりますか。

（しき）

答え　　こ

〈ひっ算〉

ヒョウギンは，りょううでを クロス
させて，十字に 切りさく わざを もつ。

答えあわせを
したら ③の
シールを はろう！

100を こえる 数①

月 日

答え 86ページ

1 □に あてはまる 数を 書きましょう。

二百	三十	一
100 100	10 10 10	1
百の くらい	十の くらい	一の くらい
2	3	1
↑ 200	↑ 30	↑ 1

① 左の 数は 二百三十一と いい，□と 書きます。

② 231は，100を □こ，10を 3こ，1を 1こ あわせた 数です。

三百		四
100 100 100		1 1 1 1

③ 左の 数は 三百四と いい，□と 書きます。

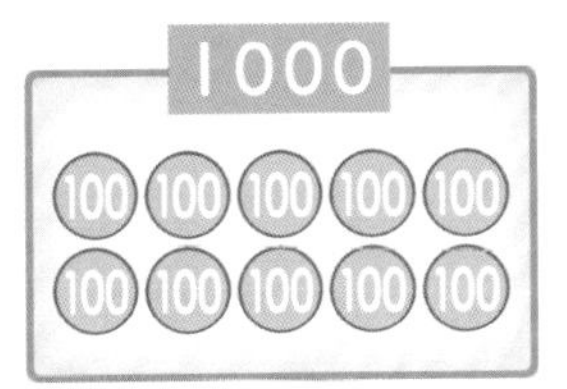

④ 100を 10こ あつめた 数を 千と いい，□と 書きます。

2 10を 25こ あつめた 数は いくつですか。□に あてはまる 数を 書きましょう。

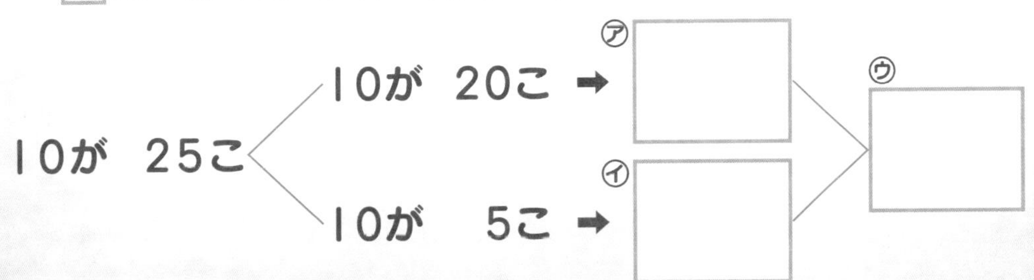

3 □に あてはまる 数を 書きましょう。

① 七百五十六を 数字で 書くと □ です。

② 100を 4こ，10を 8こ，1を 3こ あわせた 数は，□ です。

③ 690は，100を □ こ，□ を 9こ あわせた 数です。

④ 10を 36こ あつめた 数は □ です。

⑤ 520は，10を □ こ あつめた 数です。

4 ↑の めもりが あらわす 数を 書きましょう。

① 600 700 800 900

㋐ □　㋑ □

② 370 380 390 400 410

㋐ □　㋑ □

1めもりは
いくつかな？

ドラゴンの ひみつ

りょううでの やいばが 大きい ヒョウギンほど 強いと いわれて いる。

答えあわせを したら ④の シールを はろう！

100を こえる 数②

答え 86ページ

1 計算(けいさん)を しましょう。

① 50＋60＝□

10が (5＋6)こ

② 130−90＝□

10が (13−9)こ

③ 90＋70＝□

④ 150−80＝□

2 計算を しましょう。

① 200＋300＝□

100が (2＋3)こ

② 600−400＝□

100が (6−4)こ

③ 900＋100＝□

④ 700−300＝□

3 □に あてはまる >，<を 書(か)きましょう。

① 786 □ 791

百のくらいから じゅんに くらべて いきます。

② 140 □ 80＋50

4 計算(けいさん)を　しましょう。

① 90＋50　　② 70＋80

③ 40＋70　　④ 60＋60

⑤ 120－70　　⑥ 170－80

⑦ 110－50　　⑧ 120－40

5 計算を　しましょう。

① 300＋300　　② 700＋200

③ 400＋600　　④ 700－400

⑤ 900－300　　⑥ 1000－800

6 □に　あてはまる　>，<，＝を　書(か)きましょう。

① 607 □ 610　　② 867 □ 864

③ 150 □ 80＋70　　④ 690 □ 900－200

ヒョウギンは，足の　つめで　こおりの　上でも　すべらずに　たたかえる。

答えあわせを　したら　⑤の　シールを　はろう！

月　日

答え 86ページ

1 つぎの　テープの　長さは，それぞれ　どれだけですか。

①

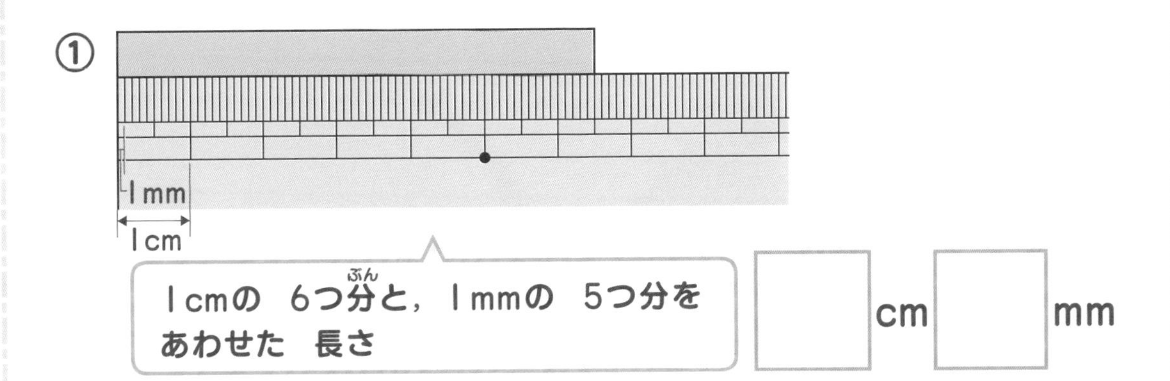

1cmの　6つ分と，1mmの　5つ分を あわせた　長さ

□cm□mm

②

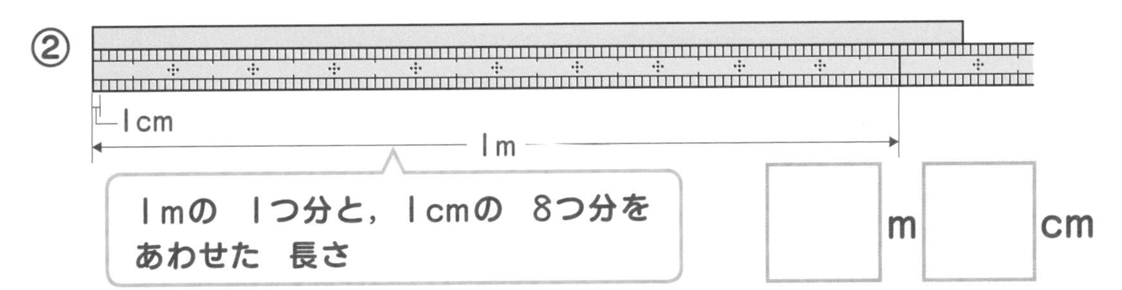

1mの　1つ分と，1cmの　8つ分を あわせた　長さ

□m□cm

2 □に　あてはまる　数を　書きましょう。

① 1cm＝□mm　　② 2cm6mm＝□mm

③ 48mm＝□cm□mm

④ 1m＝□cm　　⑤ 4m50cm＝□cm

⑥ 370cm＝□m□cm

3 ------の むきに つぎの 長さの 直線を ひいて，あばれる ドラゴンを つかまえましょう。

① 11cm ② 7cm ③ 10cm5mm ④ 5cm8mm

ヒョウギン

③

4 計算を しましょう。

① 5cm3mm＋3cm＝□cm□mm

② 9cm8mm－6mm＝□cm□mm

③ 3m40cm＋3m＝□m□cm

④ 4m90cm－20cm＝□m□cm

同じ たんいの 数どうしを 計算しよう。

ヒョウギンは，自分より 大きな てきにも おそれずに たたかいを いどむ。

答えあわせを したら ⑥の シールを はろう！

7 かさ

月　日

答え 87ページ

1 つぎの　水の　かさは，それぞれ　どれだけですか。

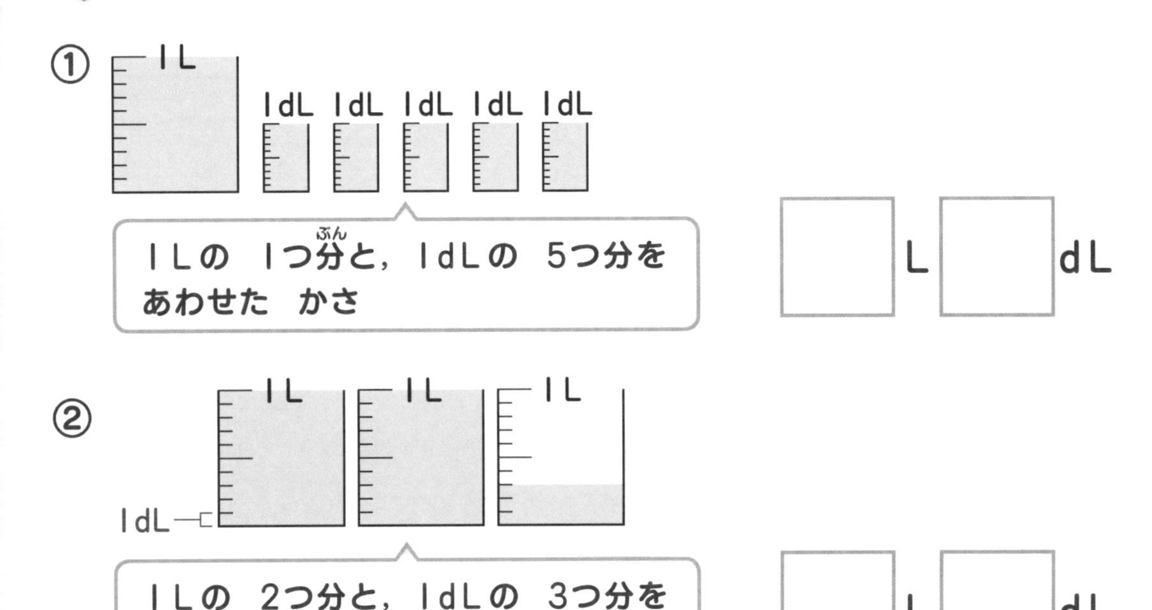

① 1Lの　1つ分と，1dLの　5つ分を　あわせた　かさ

□L□dL

② 1Lの　2つ分と，1dLの　3つ分を　あわせた　かさ

□L□dL

2 □に　あてはまる　数を　書きましょう。

① 1L＝□dL　　② 2L8dL＝□dL

③ 34dL＝□L□dL

④ 1L＝□mL

⑤ 1dL＝□mL

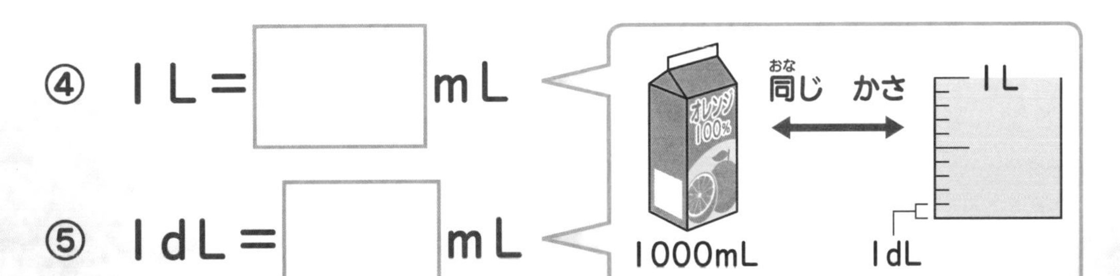

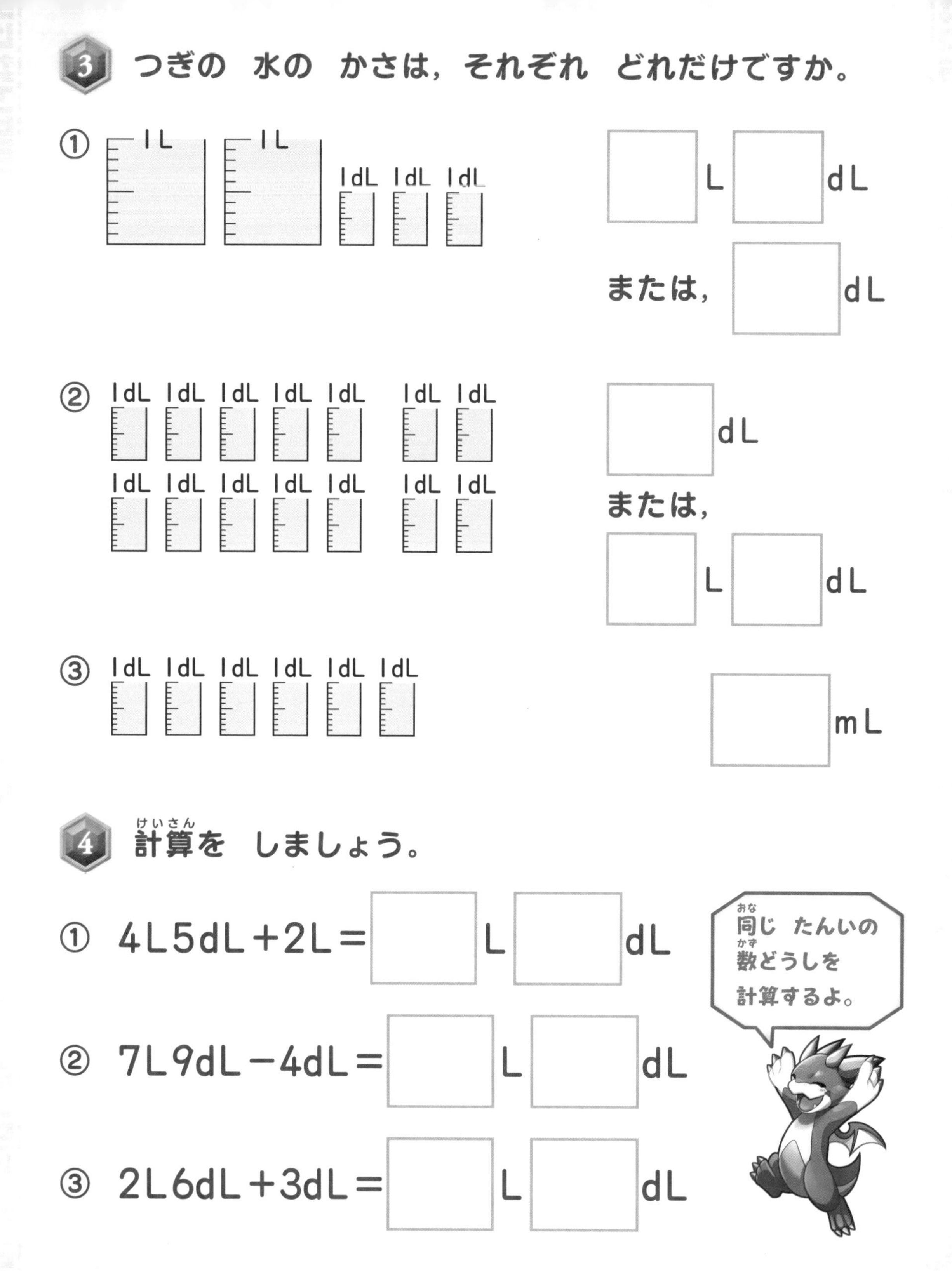

3 つぎの　水の　かさは，それぞれ　どれだけですか。

① 1L 1L 1dL 1dL 1dL

□L □dL

または，□dL

② 1dL 1dL 1dL 1dL 1dL 1dL 1dL
1dL 1dL 1dL 1dL 1dL 1dL 1dL

□dL

または，

□L □dL

③ 1dL 1dL 1dL 1dL 1dL 1dL

□mL

4 計算(けいさん)を　しましょう。

① 4L5dL＋2L＝□L □dL

② 7L9dL－4dL＝□L □dL

③ 2L6dL＋3dL＝□L □dL

ティフォニウスが　ちょうのう力を
つかうと，むねと　うでの　クリスタルが　光(ひか)る。

8 たし算の ひっ算②

答え 87 ページ

1 計算を しましょう。

① 1←くり上げた 1

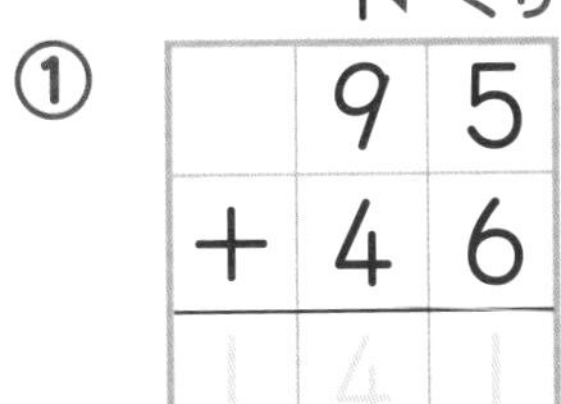

	9	5
+	4	6
1	4	1

1+9+4=14 百のくらいに 1を 書く。

5+6=11

②

	7	3
+	5	2

③

	9	4
+	7	6

④

	7	5
+	2	9

⑤

	9	5
+		8

⑥

	3	2	1
+		3	5

⑦

	8	1	9
+		4	6

2 計算を しましょう。

① 8+14+6=□+6=□

② 8+(14+6)=8+□=□

たす
じゅんじょを
かえても,
答えは 同じに
なります。

3 計算を　しましょう。⑩～⑫は，ひっ算で　しましょう。

① $\begin{array}{r} 92 \\ +\ 52 \\ \hline \end{array}$

② $\begin{array}{r} 50 \\ +\ 56 \\ \hline \end{array}$

③ $\begin{array}{r} 47 \\ +\ 84 \\ \hline \end{array}$

④ $\begin{array}{r} 62 \\ +\ 98 \\ \hline \end{array}$

⑤ $\begin{array}{r} 68 \\ +\ 39 \\ \hline \end{array}$

⑥ $\begin{array}{r} 98 \\ +\ \ 6 \\ \hline \end{array}$

⑦ $\begin{array}{r} 7 \\ +\ 93 \\ \hline \end{array}$

⑧ $\begin{array}{r} 546 \\ +\ \ 37 \\ \hline \end{array}$

⑨ $\begin{array}{r} 9 \\ +\ 853 \\ \hline \end{array}$

⑩ 39＋79

⑪ 98＋7

⑫ 487＋9

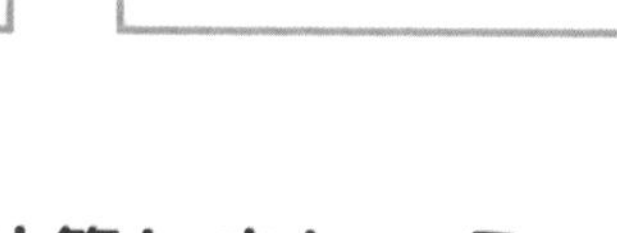

4 数を　よく　見て，くふうして　計算しましょう。

① 16＋8＋2　　② 8＋21＋9

③ 17＋15＋3　　④ 29＋26＋4

ティフォニウスが　おこると，
あたりいちめんに　ぼう風が　ふく。

9 ひき算の　ひっ算②

答え　87ページ

1 計算（けいさん）を　しましょう。

2←くり下げた　後（あと）の　数（かず）

①

	1	~~3~~	2
−		5	9
		7	3

1　くり下げて　12−5=7

1　くり下げて　12−9=3

数が　大きく　なっても，これまでと，同（おな）じように計算できるよ。

②

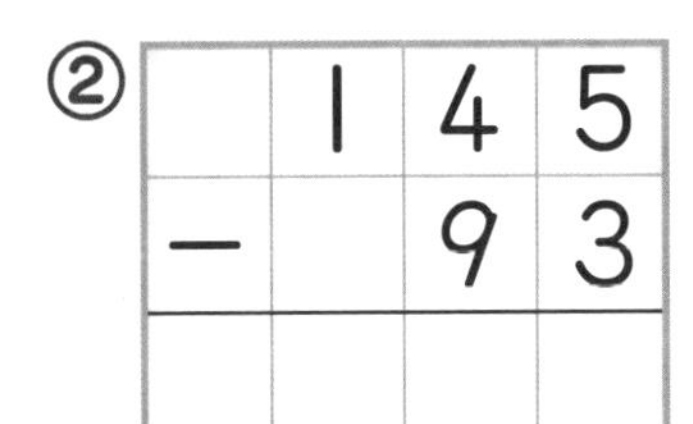

	1	4	5
−		9	3

③

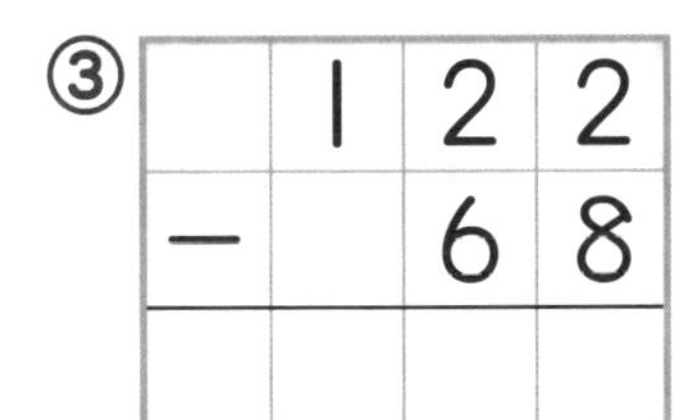

	1	2	2
−		6	8

④

	1	5	0
−		5	9

⑤

9
~~10~~

	~~1~~	~~0~~	3
−		7	9
		2	4

9−7=2

1　くり下げて　13−9=4

一のくらいの　計算で，十のくらいからはくり下げられないから，百のくらいからじゅんに1　くり下げます。

⑥

	1	0	0
−		8	3

⑦

	1	0	2
−			5

⑧

	3	9	7
−		5	2

⑨

	4	6	4
−		3	5

2 計算を　しましょう。⑩～⑫は，ひっ算で　しましょう。

① $\begin{array}{r} 139 \\ -\ \ 82 \\ \hline \end{array}$　② $\begin{array}{r} 106 \\ -\ \ 26 \\ \hline \end{array}$　③ $\begin{array}{r} 160 \\ -\ \ 98 \\ \hline \end{array}$

④ $\begin{array}{r} 134 \\ -\ \ 48 \\ \hline \end{array}$　⑤ $\begin{array}{r} 101 \\ -\ \ 39 \\ \hline \end{array}$　⑥ $\begin{array}{r} 105 \\ -\ \ 97 \\ \hline \end{array}$

⑦ $\begin{array}{r} 100 \\ -\ \ \ 6 \\ \hline \end{array}$　⑧ $\begin{array}{r} 642 \\ -\ \ 34 \\ \hline \end{array}$　⑨ $\begin{array}{r} 381 \\ -\ \ \ 7 \\ \hline \end{array}$

⑩ 112－47　⑪ 104－6　⑫ 610－3

3 オオカミが　113びき，ドラゴンが　26ぴき　います。オオカミは，ドラゴンより　何びき　多いですか。

（しき）

答え　　ひき

〈ひっ算〉

ティフォニウスの　ぼう風は，かるい　てきなら　かんたんに　ふきとばす。

答えあわせを　したら　⑨の　シールを　はろう！

10 たし算と　ひき算の文しょうだい

月　　日

答え　88ページ

1 ろうそくが　13本　あります。後から　何本か　もらったので，ぜんぶで　21本に　なりました。後から　何本　もらいましたか。

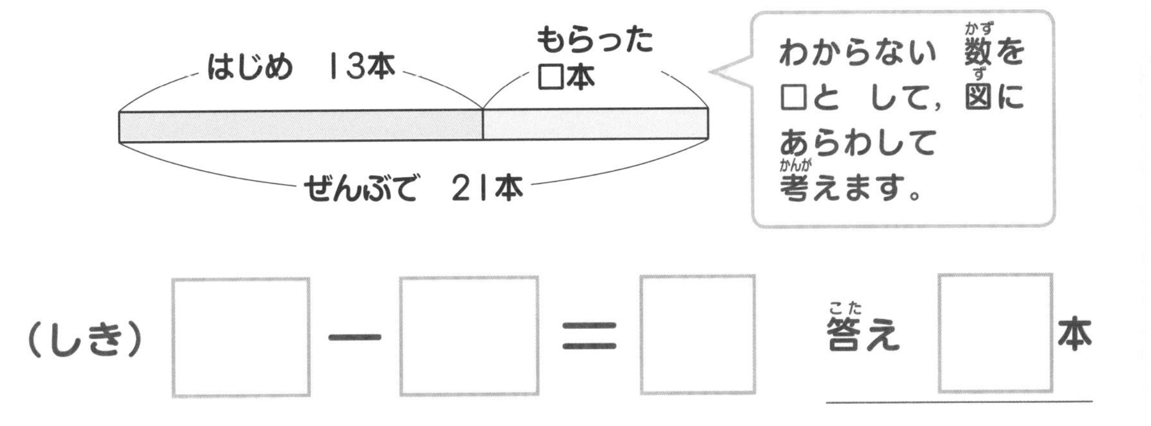

（しき）□ － □ ＝ □　　答え □ 本

2 ほう石が　何こか　あります。17こ　あげたので，のこりが　9こに　なりました。ほう石は，はじめに　何こ　ありましたか。

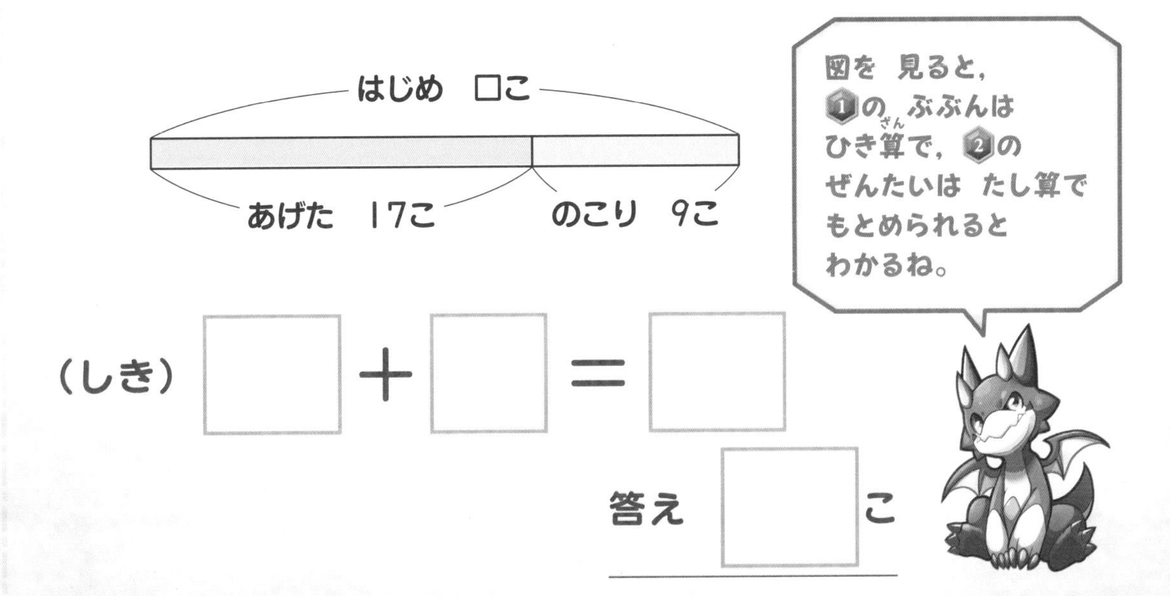

（しき）□ ＋ □ ＝ □

答え □ こ

3 そうこに　けんが　23本　あります。何本(なんぼん)か　もって　いったので，のこりが　9本に　なりました。もって　いった　けんは　何本ですか。

もって　いった
□本

（しき）

図(ず)に　あらわして　考(かんが)えましょう。

答(こた)え　　本

4 広場(ひろば)に　何人か　います。後(あと)から　15人　来(き)たので，みんなで　24人に　なりました。はじめに　何人　いましたか。

（しき）

答え　　人

5 トカゲが　何びきか　います。8ひき　にげたので，のこりが　17ひきに　なりました。トカゲは，はじめに　何びき　いましたか。

（しき）

答え　　ひき

ドラゴンのひみつ
ティフォニウスは，たつまきの　中に　てきを　とじこめて　うごきを　止(と)める。

答えあわせを　したら　⑩の　シールを　はろう！

11 三角形と　四角形

月　　日

答え 88 ページ

1 □に　あてはまる　数や　ことばを　書きましょう。

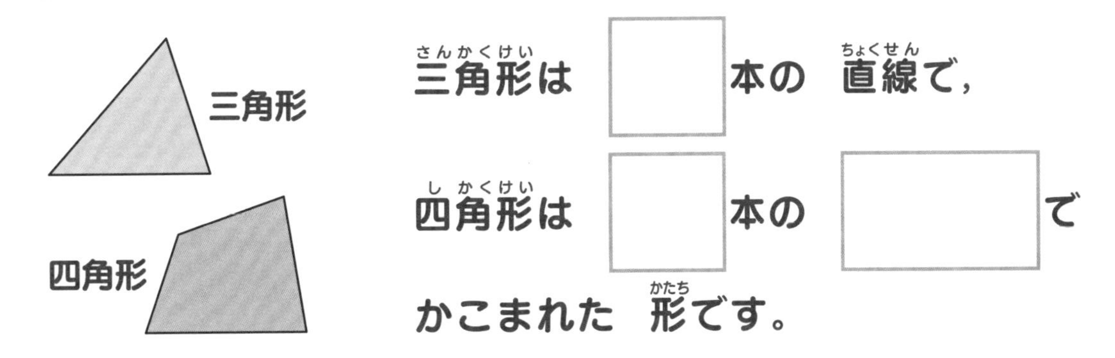

三角形は □ 本の　直線で，

四角形は □ 本の □ で

かこまれた　形です。

2 下の　三角じょうぎで，直角の　かどは　どれですか。2つ　見つけて，記ごうで　答えましょう。

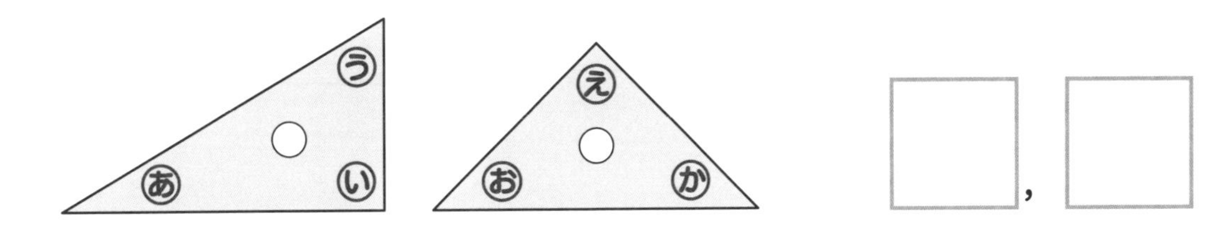

□，□

3 つぎの　三角形や　四角形の　名前を　下から　見つけて □に　書きましょう。

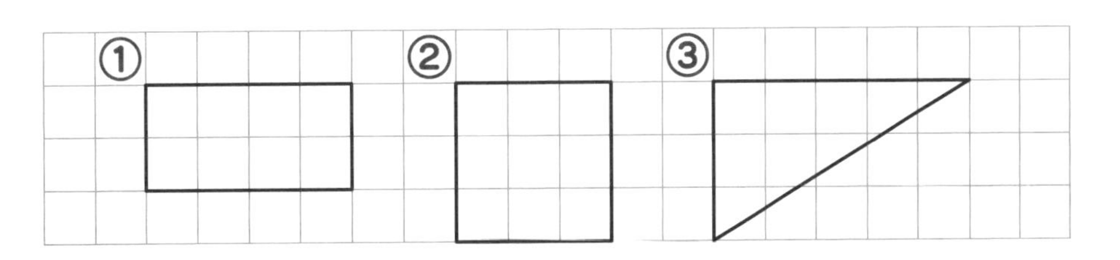

① □　② □　③ □

〔　直角三角形　　長方形　　正方形　〕

4 下の　図から，三角形と　四角形を　それぞれ　ぜんぶ見つけて，記ごうで　答えましょう。

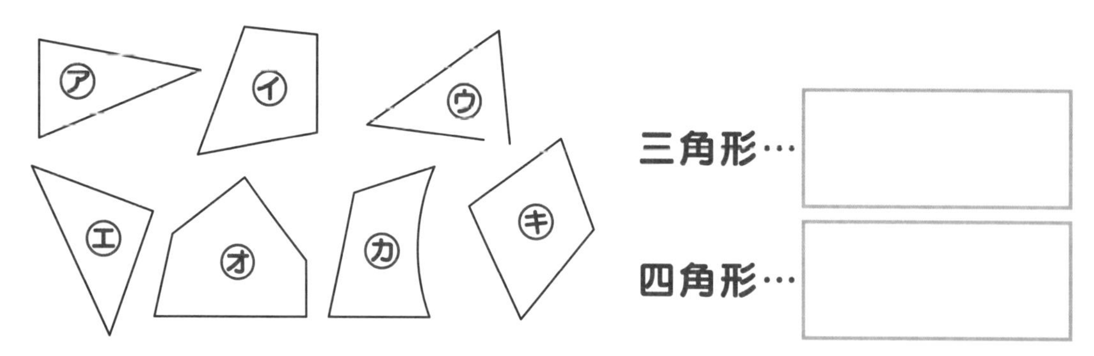

三角形…

四角形…

5 長方形，正方形，直角三角形の　2つの　へんを　かきました。のこりの　へんを　かきましょう。

①長方形　②正方形　③直角三角形

6 下の　長方形で，ア，イの　へんの　長さは，それぞれ　何cmですか。

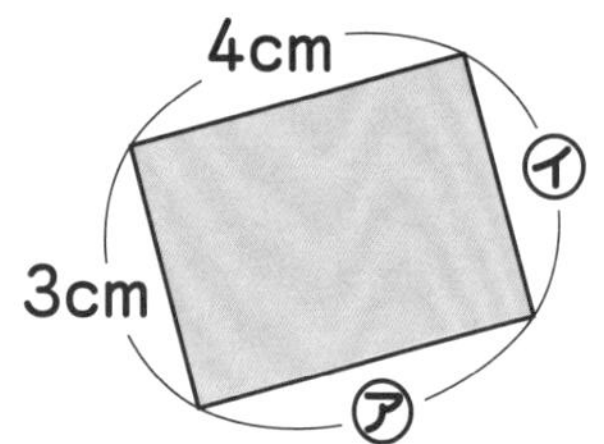

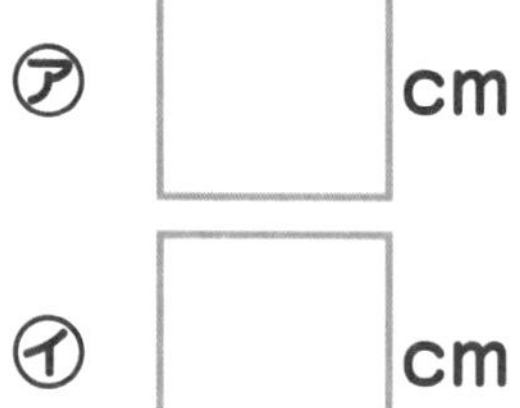

できたね。

ティフォニウスは，岩や　木を　まきこんだ　たつまきを　ぶつけて　たたかう。

答えあわせを　したら　⑪の　シールを　はろう！

かけ算①

月　日

答え 88 ページ

1 たまごの 数(かず)を かけ算(ざん)の しきに 書(か)きましょう。

1さらに　2こずつ　4さら分(ぶん)で　8こです。

（しき）　□ × □ ＝ □

1つ分の　数　｜　いくつ分　｜　ぜんぶの　数

2 計算(けいさん)を　しましょう。

① 5 × 1 ＝ 5
五一(ごいち)が　5

② 5 × 2 ＝ □
五二(ごに)　□

③ 2 × 1 ＝ □
二一(にいち)が　□

④ 2 × 2 ＝ □
二二(ににん)が　□

⑤ 3 × 1 ＝ □
三一(さんいち)が　□

⑥ 3 × 2 ＝ □
三二(さんに)が　□

⑦ 3 × 3 ＝ □
三三(さざん)が　□

⑧ 3 × 4 ＝ □
三四(さんし)　□

⑨ 4 × 1 ＝ □
四一(しいち)が　□

⑩ 4 × 2 ＝ □
四二(しに)が　□

⑪ 4 × 3 ＝ □
四三(しさん)　□

⑫ 4 × 4 ＝ □
四四(しし)　□

3 絵と 合う かけ算の しきを 線で むすびましょう。

4 計算を しましょう。

① 5×3　　② 2×5

③ 5×5　　④ 2×6

⑤ 2×9　　⑥ 5×7

⑦ 3×6　　⑧ 4×5

⑨ 4×7　　⑩ 3×7

⑪ 4×8　　⑫ 3×9

5 たまごが 5こずつ 入った はこが 8はこ あります。たまごは，ぜんぶで 何こ ありますか。

（しき）

答え　　　こ

ティフォニウスは，てきの いる 地めんに 地われを おこす ことも できる。

答えあわせを したら ⑫の シールを はろう！

かけ算②

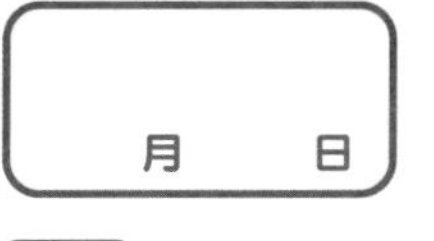

答え 89ページ

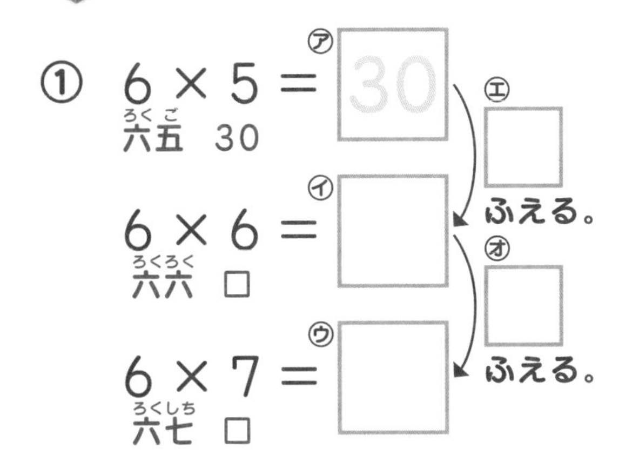

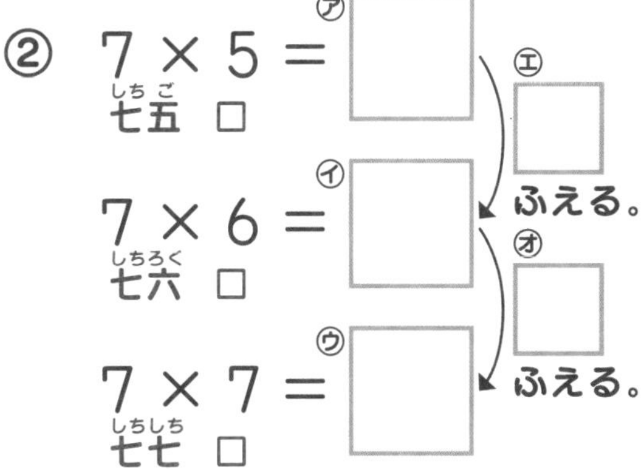

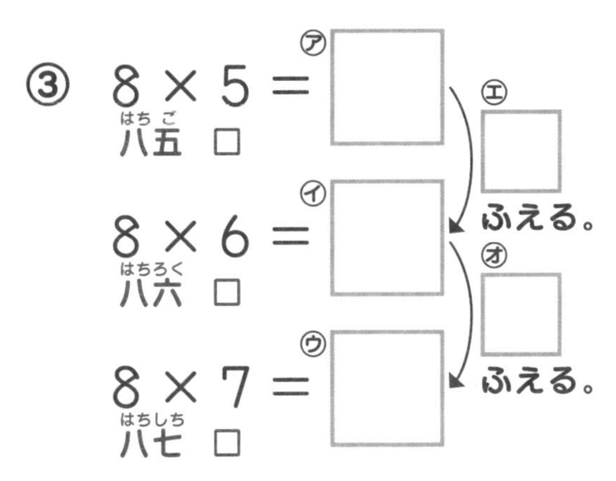

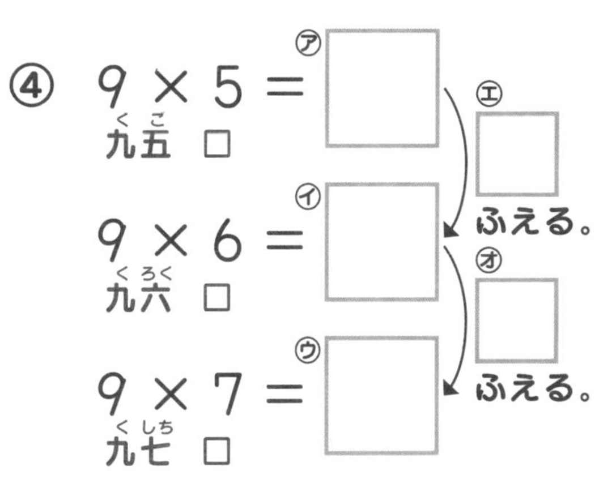

⑤ 1のだんの 九九の 答(こた)えは，□ずつ ふえます。

$1\times1=1$，$1\times2=2$，$1\times3=3$，…

2 □に あてはまる 数を 書きましょう。

① 7×6と 6×□の 答えは 同(おな)じです。

② 8×5と □×8の 答えは 同じです。

③ 計算を　しましょう。

① 6×2　　② 7×3

③ 8×4　　④ 6×8

⑤ 7×4　　⑥ 9×3

⑦ 8×8　　⑧ 7×2

⑨ 9×9　　⑩ 8×3

⑪ 1×5　　⑫ 1×9

④ □に　あてはまる　数を　書きましょう。

① 8のだんでは，かける数が　1　ふえると，答えは

□ずつ　ふえます。

② $2 \times 7 = 7 \times$ □　　③ $9 \times 6 =$ □ $\times 9$

⑤ 子どもが　8人　います。1人に　りんごを　7こずつ くばります。りんごは　何こ　あれば　よいですか。

（しき）□

答え  こ

ティフォニウスは，つめで　てきを　直せつ こうげきする　ことも　ある。

答えあわせを
したら ⑬の
シールを　はろう！

1000を こえる 数

月　日

答え 89ページ

1 □に あてはまる 数(かず)を 書(か)きましょう。

二千	四百	三十	二
1000 1000	100 100 100 100	10 10 10	1 1
千のくらい	百のくらい	十のくらい	一のくらい
2	4	3	2
↑ 2000	↑ 400	↑ 30	↑ 2

① 左の 数は 二千四百三十二と いい，□と 書きます。

② 2432は，1000を □こ，100を 4こ，10を 3こ，1を 2こ あわせた 数です。

三千		二十	五
1000 1000 1000		10 10	1 1 1 1 1

③ 左の 数は 三千二十五と いい，□と 書きます。

1000	1000
1000	1000
1000	1000
1000	1000
1000	1000

10000

④ 1000を 10こ あつめた 数を 一万(いちまん)と いい，□と 書きます。

2 100を 28こ あつめた 数は いくつですか。
□に あてはまる 数を 書きましょう。

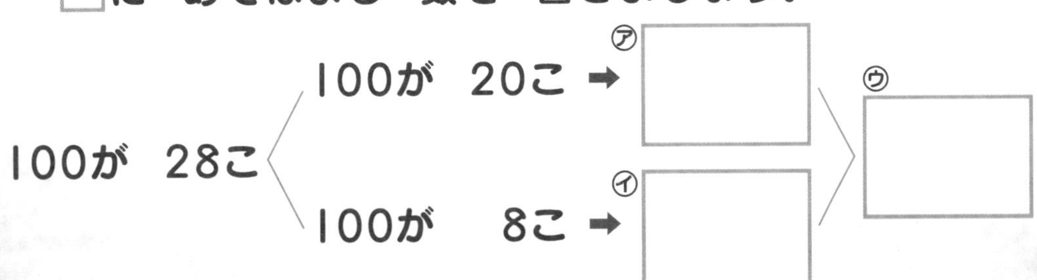

3 □に　あてはまる　数を　書きましょう。

① 六千五百八十四を　数字で　書くと　□　です。

② 1000を　4こ，100を　9こ，1を　7こ　あわせた　数は　□　です。

③ 100を　36こ　あつめた　数は　□　です。

④ 2400は，100を　□　こ　あつめた　数です。

4 ↑の　めもりが　あらわす　数を　書きましょう。

0　1000　2000　3000　4000

㋐ □　　㋑ □

1めもりは
いくつ？

5 □に　あてはまる　＞，＜を　書きましょう。

① 3110 □ 3108　　② 9764 □ 9768

6 100が　何こかを　考えて，つぎの　計算を　しましょう。

① 900＋600　　② 1000−700

ドラゴンのひみつ
ティフォニウスは，風の　バリアで　てきの
こうげきを　ふせぐ。

答えあわせを
したら ⑭の
シールを　はろう！

はこの　形，分数

答え　89 ページ

1 右の　㋐，㋑の　はこの　形(かたち)の　面(めん)，へん，ちょう点(てん)の　数(かず)を　書(か)きましょう。

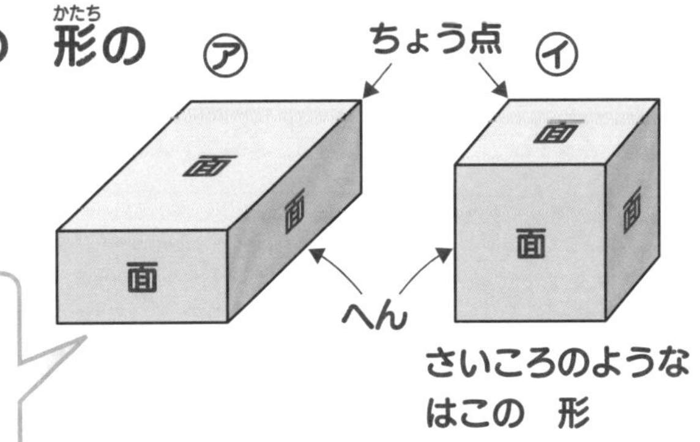

さいころのような はこの　形

たいらな　ところが　面，
直線(ちょくせん)の　ところが　へん，
かどの　ところが　ちょう点

㋐　面…□　へん…□　ちょう点…□

㋑　面…□　へん…□　ちょう点…□

2 もとの　大きさの　$\frac{1}{2}$や　$\frac{1}{4}$は，どれですか。記(き)ごうを　○で　かこみましょう。

もとの　大きさ

① もとの　大きさの　$\frac{1}{2}$

㋐ 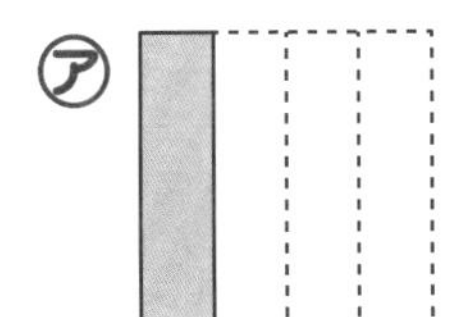　㋑ 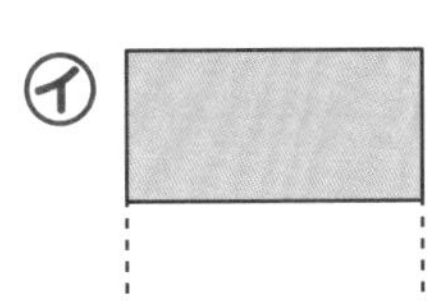　㋒ 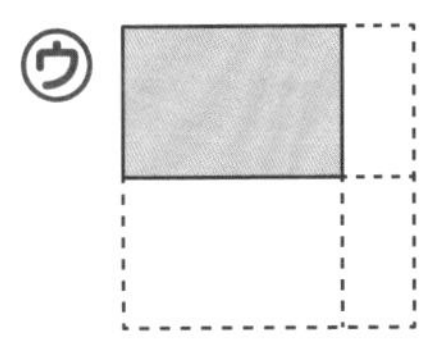

もとの　大きさを
同(おな)じ　大きさに
2つに　分(わ)けた
1つ分(ぶん)が　$\frac{1}{2}$，
4つに　分けた
1つ分が　$\frac{1}{4}$

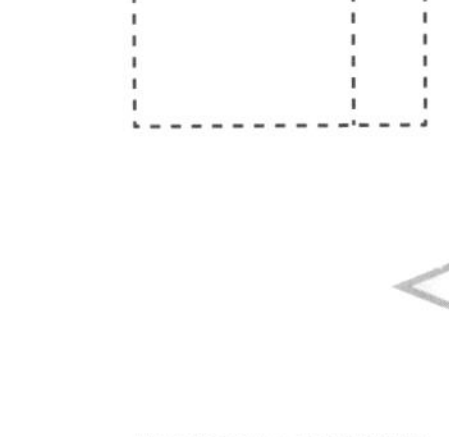

② もとの　大きさの　$\frac{1}{4}$

㋐ 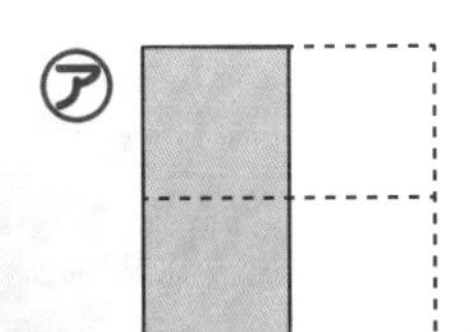　㋑ 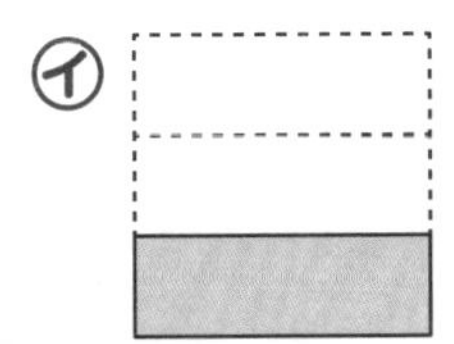　㋒ 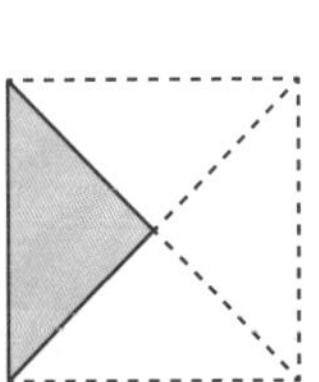

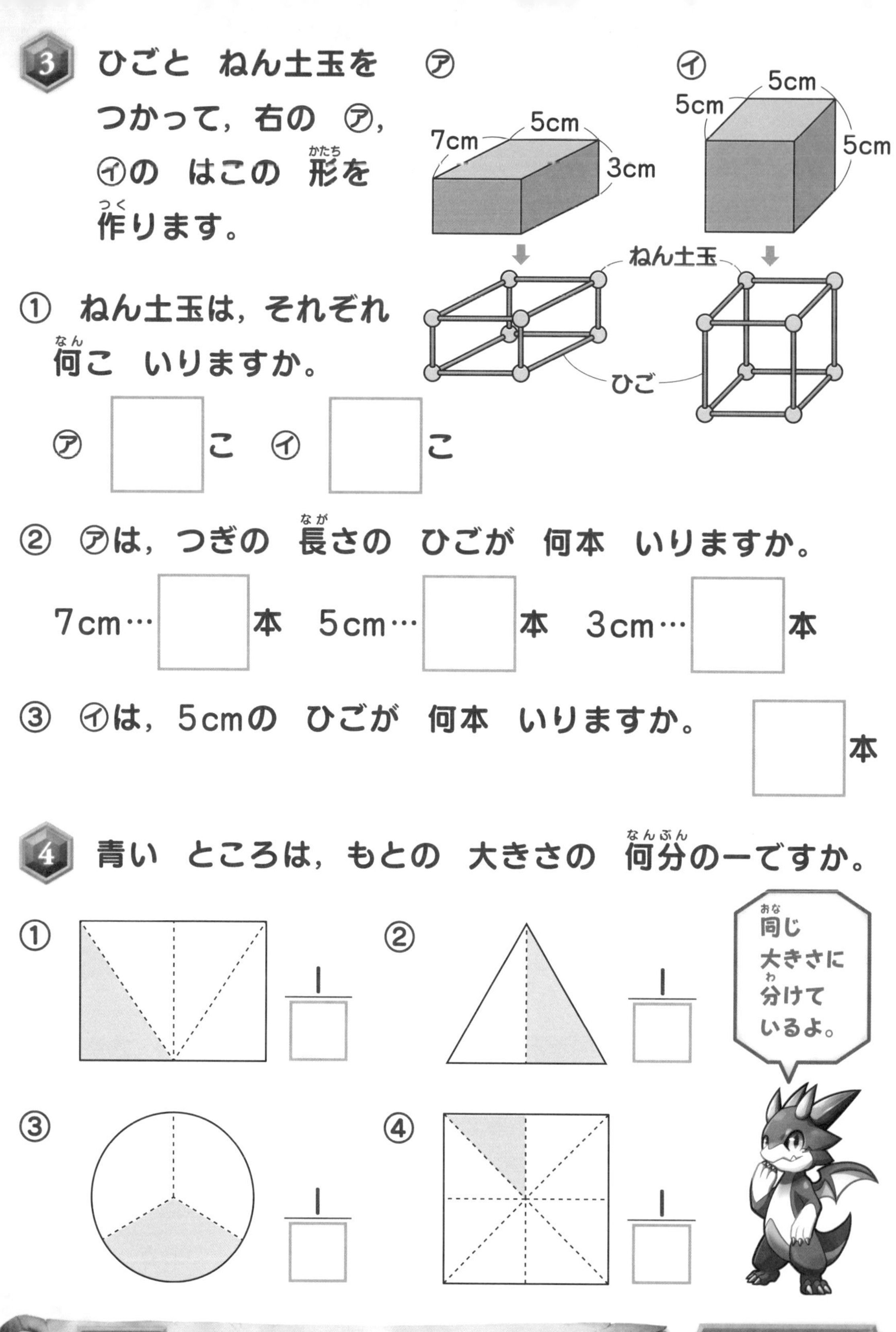

3 ひごと　ねん土玉を　つかって，右の　㋐，㋑の　はこの　形を　作ります。

① ねん土玉は，それぞれ　何こ　いりますか。

㋐ □ こ　㋑ □ こ

② ㋐は，つぎの　長さの　ひごが　何本　いりますか。

7cm…□本　5cm…□本　3cm…□本

③ ㋑は，5cmの　ひごが　何本　いりますか。

□本

4 青い　ところは，もとの　大きさの　何分の一ですか。

① $\frac{1}{\square}$　② $\frac{1}{\square}$

③ $\frac{1}{\square}$　④ $\frac{1}{\square}$

ティフォニウスは，自ぜんを　大切に　する
人間の　みかたに　つく。

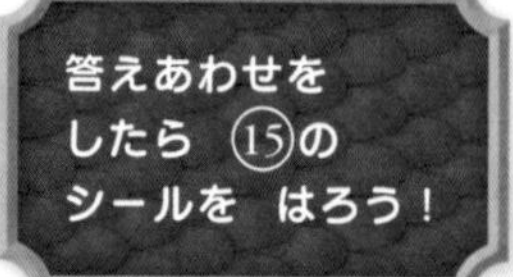

16 野さいを　そだてよう

月　　日

答え 90ページ

1 野さいの　名前を　□から　1つずつ　えらんで，（　）に　書きましょう。

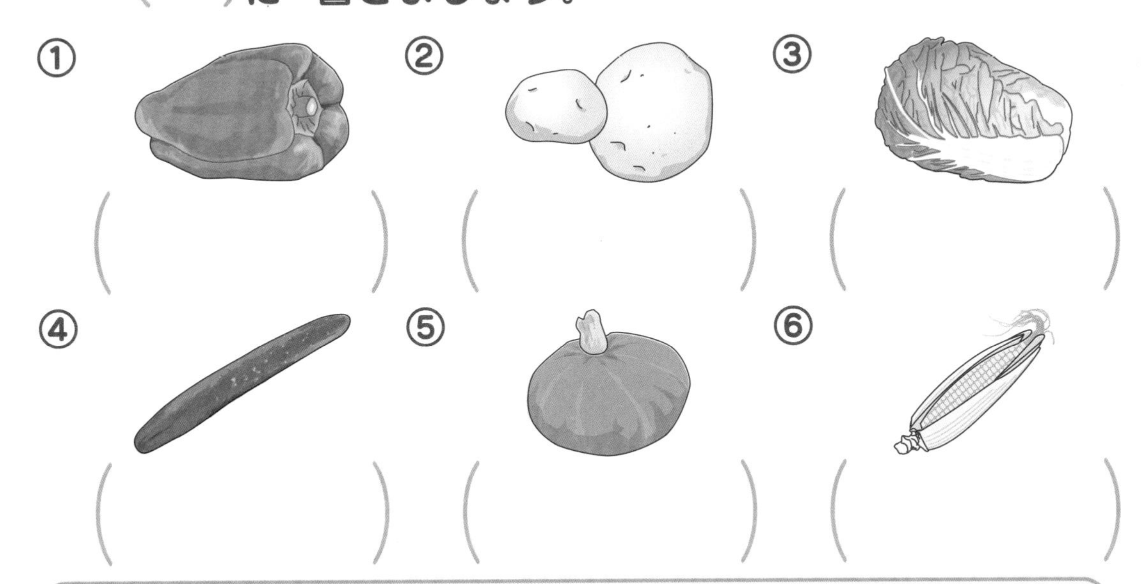

①（　　）　②（　　）　③（　　）

④（　　）　⑤（　　）　⑥（　　）

キュウリ　トウモロコシ　カボチャ　ピーマン　ジャガイモ　ハクサイ

2 ナスの　せい長の　じゅん番に　なるように，（　）に　番ごうを　書きましょう。

①

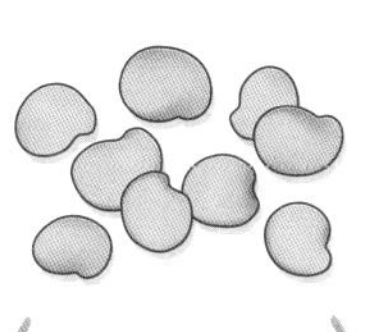

（ 1 ）

②

（　　）

③

（　　）

④

（　　）

キュウリや
ピーマン，
トマトなどの
野さいも　同じように
せい長するよ。

3 野さいの　そだて方として　正しければ　○を，まちがって　いれば　×を　（　　）に　書きましょう。

① 日の　当たらない
場しょで　そだてる。

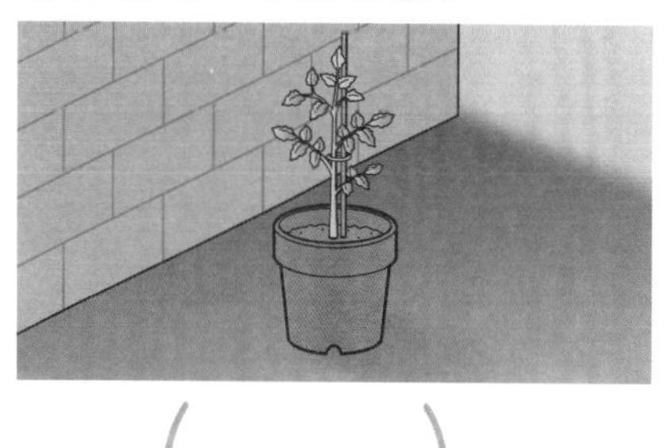

（　　）

② まわりに　生えて　きた
草を　とる。

（　　）

③ 土に　ひりょうを
まぜる。

（　　）

④ なえが　たおれないように
土を　よせる。

（　　）

⑤ わすれずに　水を
やる。

（　　）

⑥ 土を　強い　力で
おしかためる。

（　　）

ハクオーガが　おこると，たてがみの
毛が　大きく　さか立つ。

答えあわせを
したら ⑯の
シールを　はろう！

17 まちを　たんけんしよう

答え 90ページ

1 まちたんけんで　いけない　ことを　して　いる　ものを　1つ　えらんで，記ごうに　○を　つけましょう。

ア　お店の　人に　あいさつを　する。

イ　お店の　中で　走ったり　さわいだり　する。

ウ　交通ルールを　まもる。

エ　グループで　行どうする。

2 あなたが　まちたんけんで　行って　みたい　ところや，しらべて　みたい　ことを　書きましょう。

まちでは　どんな　人に　会えるかな。
どんな　ものが　あるかな。

3 ①～④の　手がかりに　あてはまる　ものの　名前(なまえ)を　それぞれ　マスから　さがして　○で　かこみましょう。

手がかり

① おいしゃさんや　かんごしさんが　はたらいて　いる　ところ。

② 野(や)さいを　そだてる　ところ。

③ おまわりさんが　いて，こまった　ときに　たすけて　くれる　ところ。

④ 火じの　ときに　出どうする　人が　いる　ところ。

▶ 上から　下，または　左から　右に　読(よ)みます。ななめには　読みません。

あ	び	さ	か	こ	と	も
し	ょ	う	ぼ	う	し	ょ
ま	う	た	め	ば	ょ	す
ぴ	い	わ	ど	ん	さ	き
つ	ん	か	は	た	け	ゆ

ハクオーガは，大声(おおごえ)を　出して　てきを　いかくする。

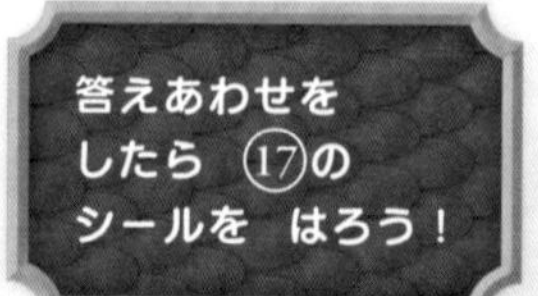

生きものを　さがそう，そだてよう

答え　90ページ

1　つぎの　生きものを　見つける　ことが　できるのは，どこですか。●と　●を　線で　むすびましょう。

① アメリカザリガニ

② クワガタ

③ ショウリョウバッタ

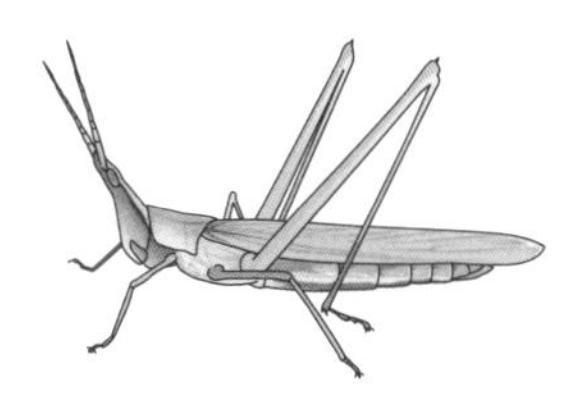

①アメリカザリガニ	●	●	林の　中の　木
②クワガタ	●	●	草むらの　中
③ショウリョウバッタ	●	●	池の　中

2　アゲハの　せい長の　じゅん番に　なるように，(　　)に　番ごうを　書きましょう。

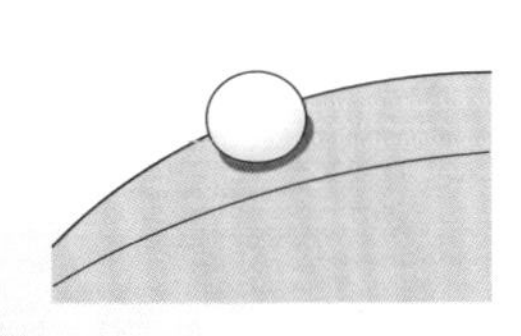
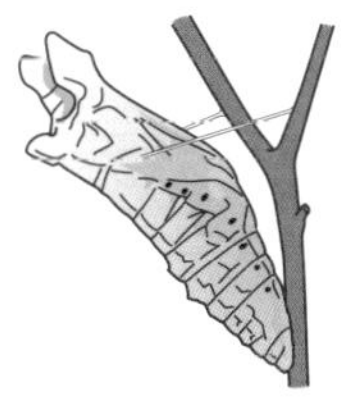

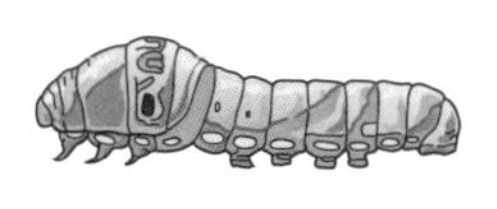

(1)

3 おたまじゃくしの　かい方として　正しければ　○を，まちがって　いれば　×を　（　　）に　書きましょう。

① きれいな　水だけを
入れる。

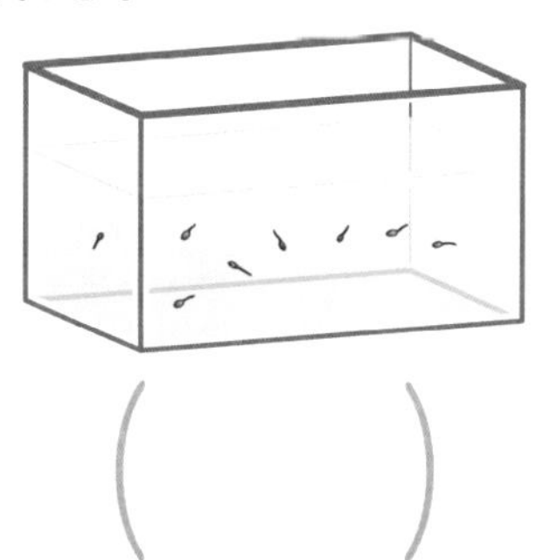

（　　）

② えさを　できるだけ
たくさん　入れる。

（　　）

③ 前あしが　出て　きたら
水を　へらす。

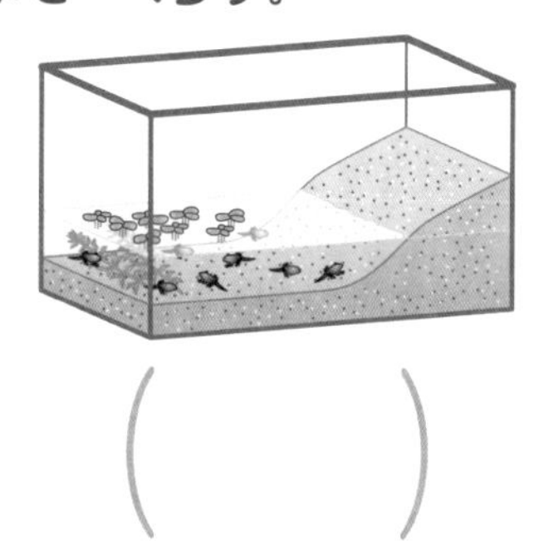

（　　）

④ えさとして　食パンや
にぼしなどを　あたえる。

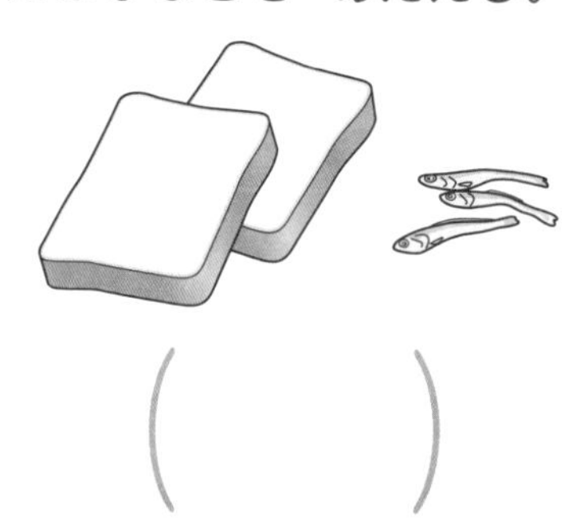

（　　）

4 あなたが　かった　ことの　ある　生きものや　かって　みたい　生きものは　何ですか。

かう　前には，その　生きものの　すむ
かんきょうや　えさなどに　ついて　しらべよう。

ハクオーガは，力を　ためた　あと，
てきに　思い切り　パンチを　たたきこむ。

答えあわせを
したら ⑱の
シールを　はろう！

もっと　まちを　たんけんしよう

答え　91 ページ

1　図書(としょ)かんの　ルールとして　正しくない　ものを　3つ　えらんで，（　　）に　×を　書(か)きましょう。

ア　図書かんでは　しずかに　しなければ　ならない。

（　　）

イ　気に　入った　本は　かえさなくても　よい。

（　　）

ウ　読(よ)みおわった　本は　出しっぱなしに　して　おく。

（　　）

エ　読みたい　本が　見つからない　ときは，さがして　もらうと　よい。

（　　）

オ　本を　よごしたり　きずつけたり　しては　いけない。

（　　）

カ　本を　かりる　ときは，だまって　もって　かえる。

（　　）

2 えきや　電車での　やくそくの（　　）に　あてはまる　ことばを［　］から　えらんで　書きましょう。

① ホームでは，電車が　来るまで　線の

（　　　　　　）に　下がって　まつ。

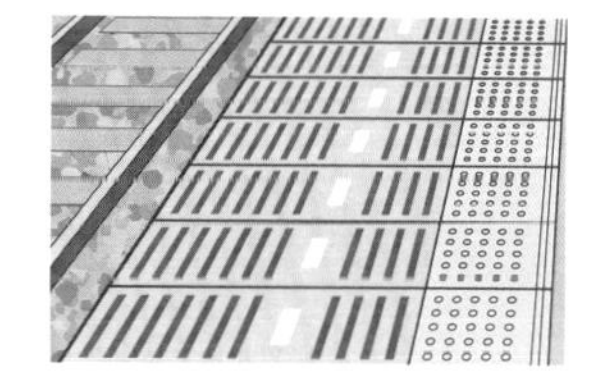

②（　　　　　　）は，ひつようと

して　いる　人に　すわって　もらう。

③ 線ろに　ものを　おとしたら，自分で　ひろわず，

（　　　　　　）に　知らせる。

ゆう先せき・後ろ・えきいんさん

3 いのちを　まもる　ための　やくそくとして　正しい　ものを　2つ　えらんで，記ごうに　○を　つけましょう。

ア　教室に　いる　ときに　地しんが　おこったら，
　　つくえの　下に　もぐって　みを　まもる。

イ　ひなんして　いる　ときに
　　わすれものに　気づいたら，
　　すぐに　とりに　もどる。

ウ　すばやく　ひなんする　ために，
　　前の　人を　おしのけて　走る。

エ　かみなりが　鳴ったら，たてものの　中に　入る。

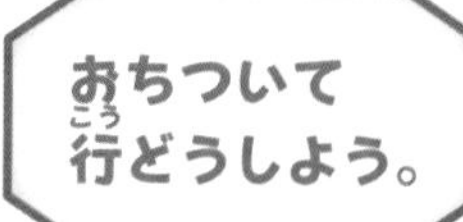

ハクオーガは，木の　上から　てきを
ふいうちする　ことも　ある。

答えあわせを
したら ⑲の
シールを　はろう！

うごく　おもちゃを　作(つく)ろう，きせつと　くらし

月　　日

答え　91　ページ

1 おもちゃを　作(つく)りました。おもな　ざいりょうと，おもちゃに　ついての　せつ明(めい)を　それぞれ　１つずつ　えらんで，●と　●を　線(せん)で　むすびましょう。

① ころんころん　② カーレース　③ たこ

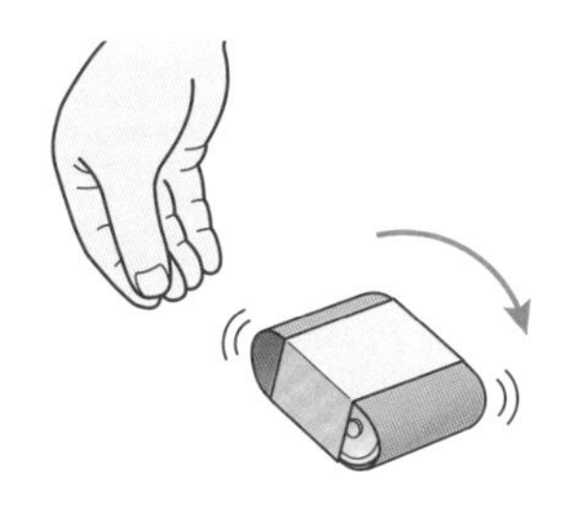

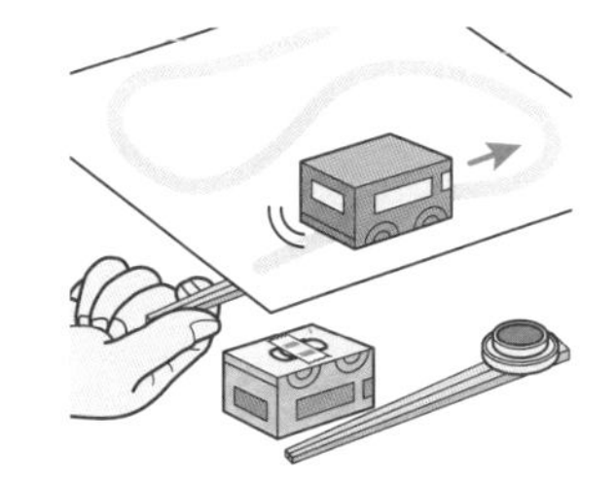

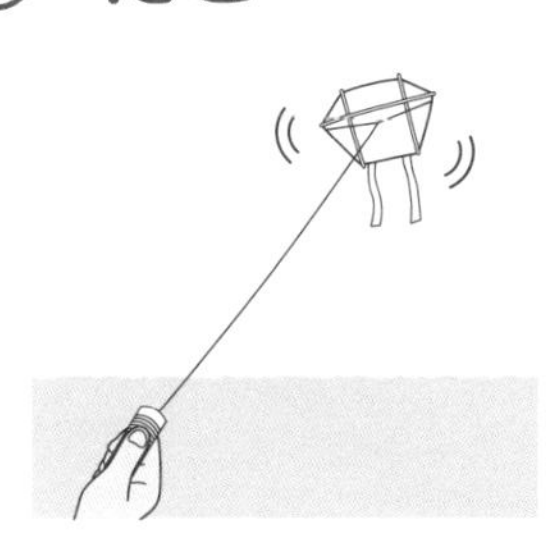

●　●　●

●　●　●

ざいりょう

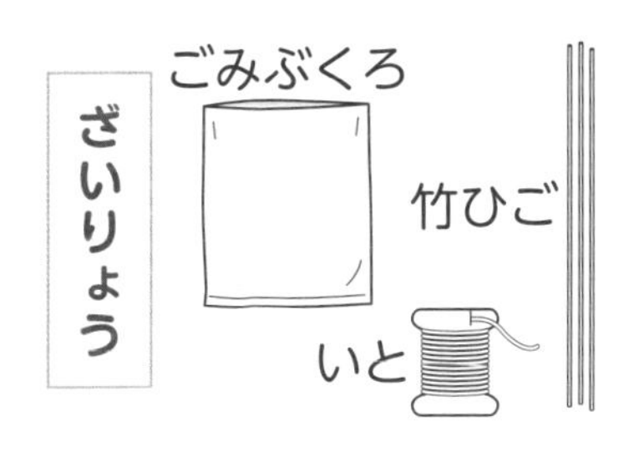

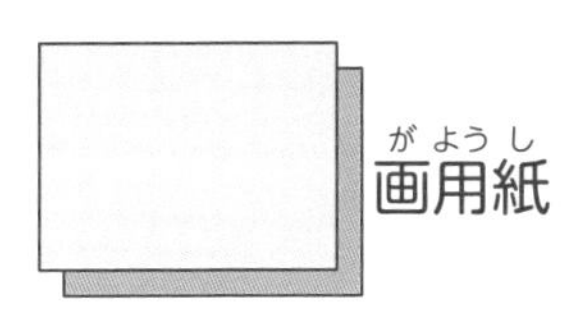

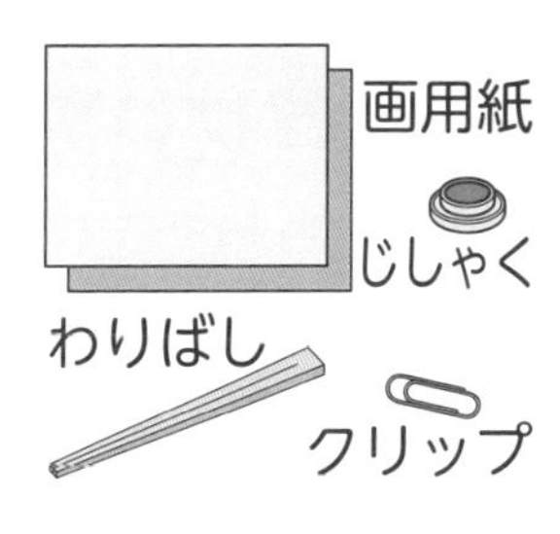

●　●　●

●　●　●

せつ明

おもりの　力で　うごく　おもちゃ。

風(かぜ)の　力で　うごく　おもちゃ。

じしゃくの　力で　うごく　おもちゃ。

2 春と 冬に 見られる 風けいや 行じは どれですか。それぞれ 2つずつ えらんで，□に 書きましょう。

▶ お正月

▶ 虫とり

▶ チューリップ

▶ いねかり

▶ ぼんおどり

▶ お花見

▶ 雪あそび

▶ お月見

▶ 海水よく

春の 風けいや 行じ

□

冬の 風けいや 行じ

□

きせつごとに どんな
風けいや 行じが
あったか，よく
思い出して みよう。

ハクオーガは かた手で こうげきを
ふせぎ，ぎゃくの 手で はんげきする。

答えあわせを
したら ⑳の
シールを はろう！

こんなに　大きく　なったよ

答え　91　ページ

1　あなたが　生まれた　ときや　小さい　ころの　ことを　しらべます。

①　だれと　同じ　方ほうで　しらべたいですか。（　　）に　○を　書きましょう。

いっしょに　すんで　いる　家ぞくに　聞いて　みるよ。

りょうさん（　　）

アルバムや　動画などの　記ろくを　見て　みようかな。

りなさん（　　）

通って　いた　ようち園の　先生に　聞いて　みたいな。

ゆりさん（　　）

遠くに　すんで　いる　親せきに　電話して　みる　つもりだよ。

ひろさん（　　）

②　どんな　ことを　聞いて　みたいですか。

2 2年生の　ときに　がんばった　ことや，じょうずに　なった　ことは　何ですか。

3 3年生に　なったら　やって　みたい　ことは　何ですか。

1年間で　いろいろな　ことが
できるように　なったね。

ハクオーガは，パンチの　強さを　いつも
なか間と　きそい合って　いる。

答えあわせを
したら ㉑の
シールを　はろう！

22 なかまの　かん字

月　日

答え 92ページ

1 つぎの　なかまの　ことばを　□から　えらんで、かん字で　書きましょう。

① 色

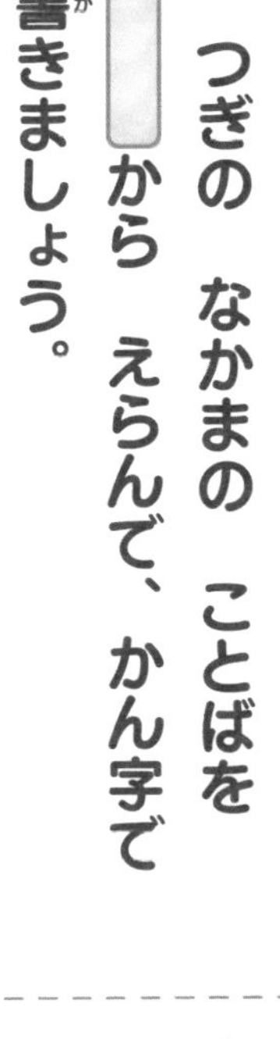

② 方角

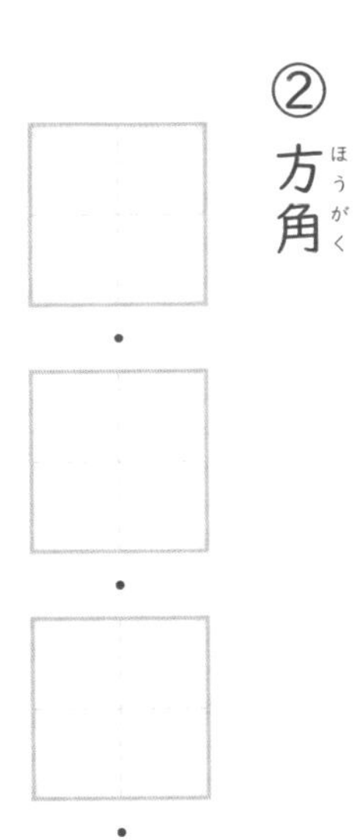

みなみ　あか　きた
くろ　あお　ひがし
にし　ちゃ

2 つぎの　きせつや　時間を　あらわす　なかまの　かん字を　□に、書きましょう。

① はる・なつ・あき・ふゆ

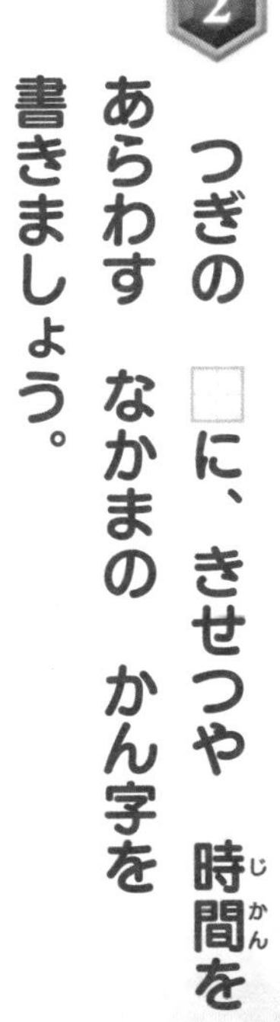

② あさ・ひる・よる

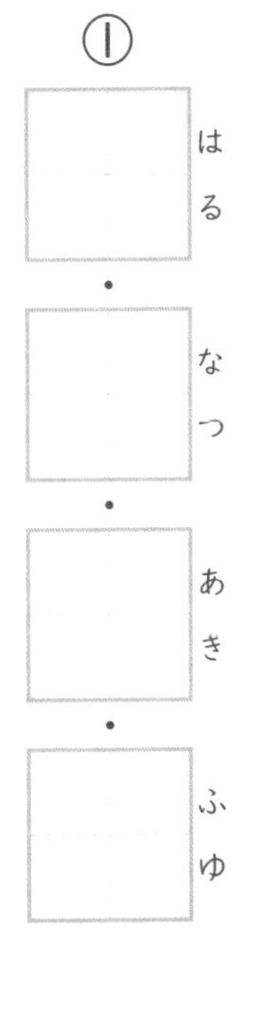

③ ごぜん・ごご

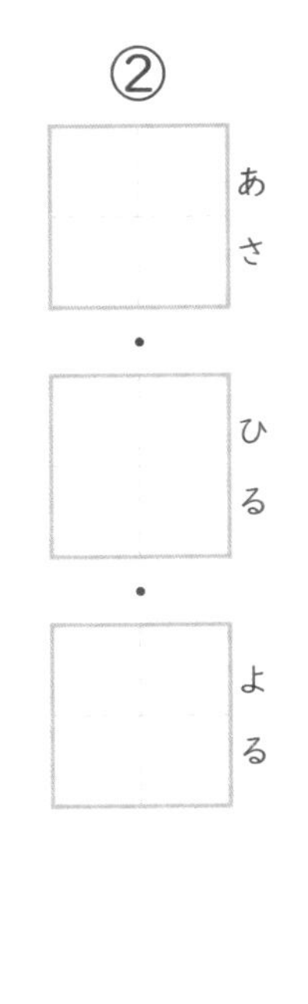

3 □に　家(か)ぞくを　あらわす　かん字を　書(か)きましょう。

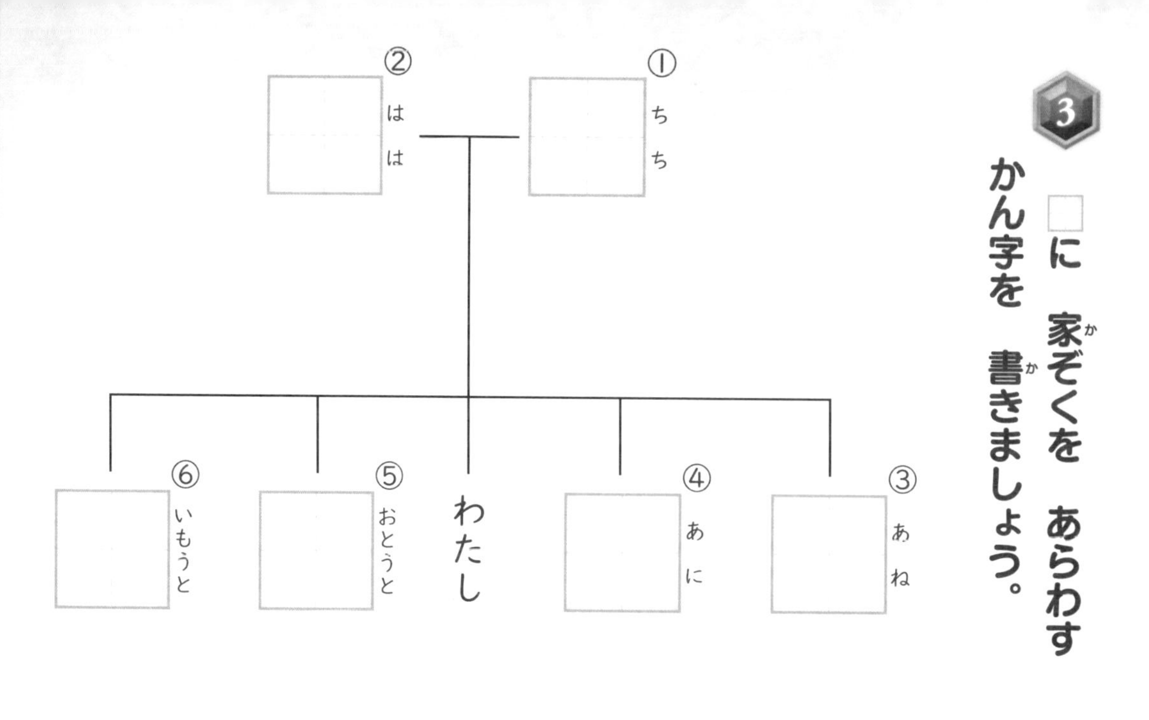

4 □に　なかまの　ことばを　かん字で　書きましょう。

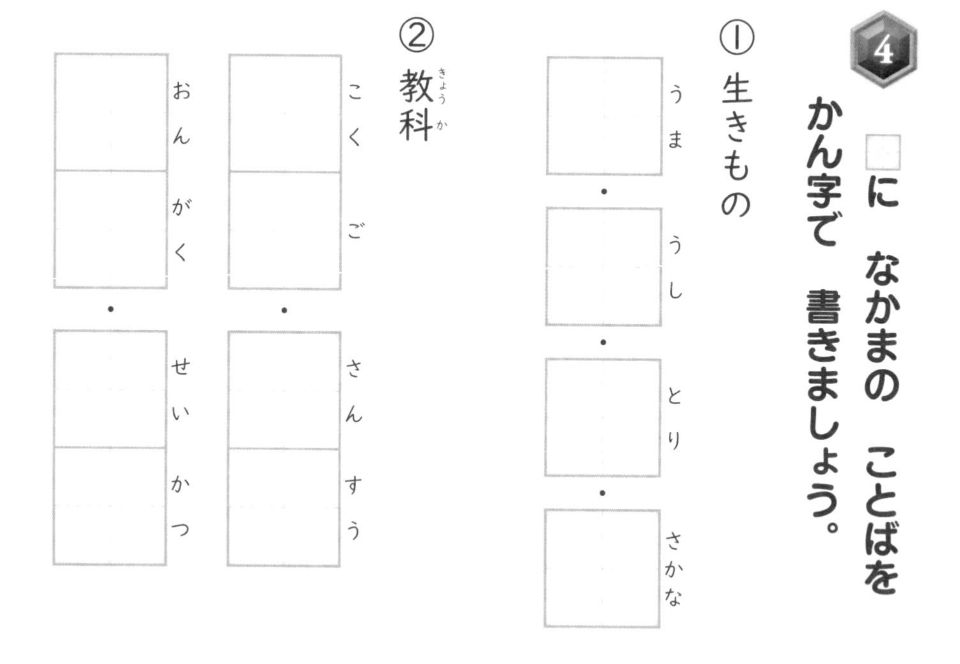

リーファングは、昼間(ひるま)は　おとなしいが、夜(よる)に　なると　かりを　する。

答(こた)え合(あ)わせを　したら　㉒の　シールを　はろう！

同じ　ぶぶんを　もつ　かん字

月　日

答え　92ページ

1 つぎの □ に、同じ　ぶぶんを　もつ　かん字を　書きましょう。

① [　](ひろ)い　[　](みせ)。

② せまい　[　](みち)を　[　](とお)る。

③ [　](かお)と　[　](あたま)を　あらう。

2 つぎの □ に　入る　かん字の　同じ　ぶぶんを　下から　えらんで、線で　つなぎましょう。

① 甶 ・　占 ・

② 云 ・　电 ・

③ 也 ・　毎 ・

④ 孝 ・　娄 ・

・ 氵

・ 攵

・ 灬

・ 雨

3 つぎの　かん字の　同じ　ぶぶんを　書きましょう。

①　間・聞
②　引・強
③　図・国
④　晴・曜
⑤　家・室

---

4 つぎの　かん字の　□が　同じ　ぶぶんを　もつ　かん字に　なるように、かん字の　ぶぶんを　書き入れましょう。

①　糸□（かみ）に　糸□（ほそ）い　糸□（せん）で　糸□（え）を　かいた。

②　言□（よ）んだ　お　言□（はなし）の　かんそうを　日（にっ）言□（き）に　書いた。

ドラゴンのひみつ　リーファングは、まん月の　夜に　とくに　こうげきてきに　なる。

答え合わせを　したら　㉓の　シールを　はろう！

組(く)み合(あ)わせて　できている　かん字

月　日

答え　92ページ

1　つぎの　かん字に　――線(せん)を引(ひ)いて、二つの　ぶぶんに分(わ)けましょう。

【れい】音　校

① 林

② 計

③ 星

④ 知

⑤ 切

⑥ 思

2　つぎの　二つの　かん字を組(く)み合(あ)わせて　できる　かん字を□に　書(か)きましょう。（少(すこ)し　形(かたち)をかえる　ものも　あります。）

① 日＋月

② 女＋市

③ 口＋鳥

④ 言＋売

3

つぎの　かん字は、二つの　かん字を　組み合わせて　できて　います。それぞれの　かん字を　□に　書きましょう。（少し　形を　かえる　ものも　あります。）

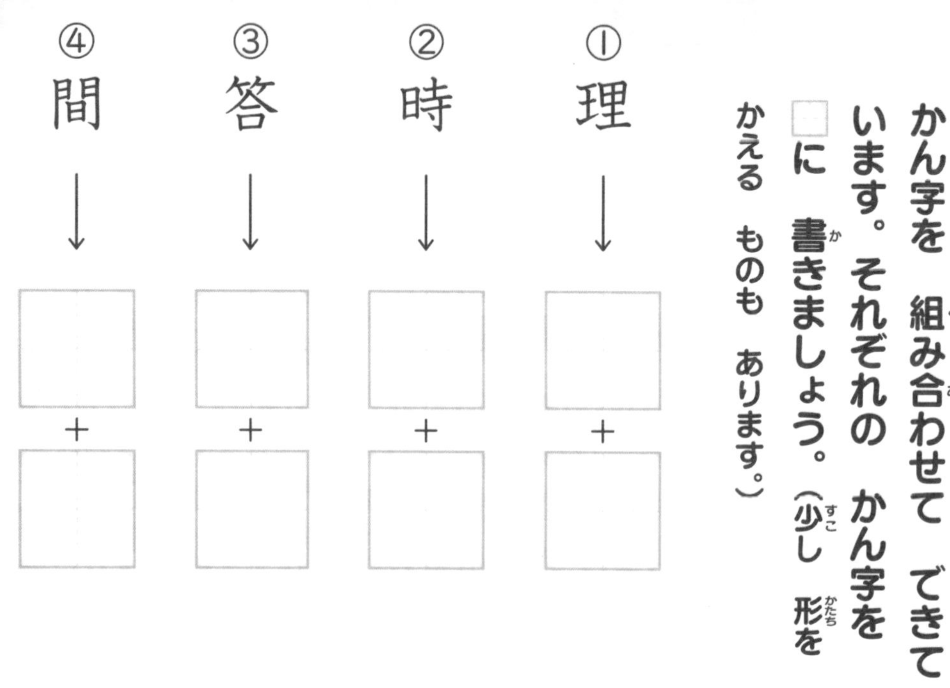

① 理 → □ ＋ □

② 時 → □ ＋ □

③ 答 → □ ＋ □

④ 間 → □ ＋ □

4

つぎの　読み方の　かん字を　作るのに　組み合わせる　かん字を、□から　えらんで　□に　書きましょう。

① いわ……山 ＋ □

② ある（く）……□ ＋ 少

③ おや……立 ＋ □ ＋ 見

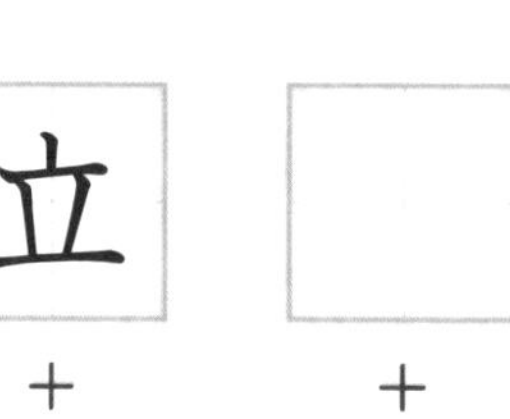

日　木　土　止　力　石

リーファングは、くらやみの　中でも　てきを　見つける　ことが　できる。

答え合わせを　したら　㉔の　シールを　はろう！

25 まちがえやすい　かん字

月　日

答え 93ページ

1 つぎの ▮線の かん字の 読み方に あう ほうの かん字を、○で かこみましょう。

① ご▮{午・牛}前中に、ぼく場で

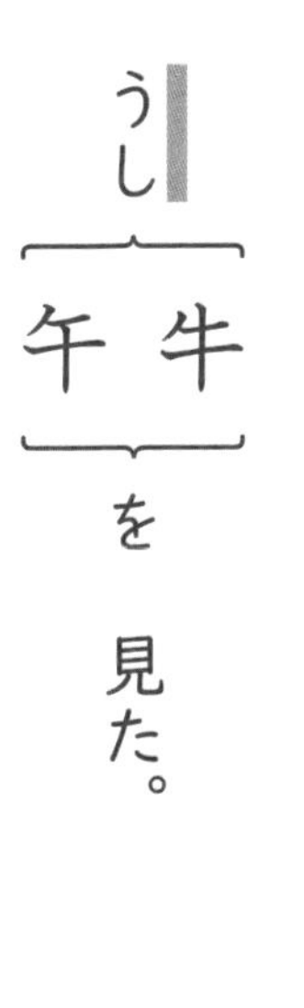

うし▮{牛・午}を 見た。

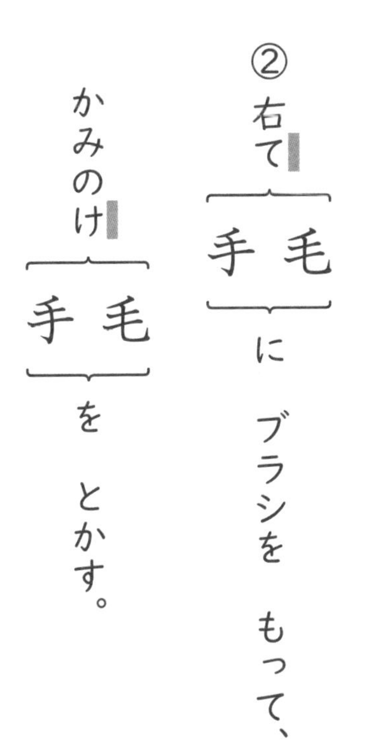

② 右て▮{毛・手}に ブラシを もって、

かみのけ▮{毛・手}を とかす。

---

2 形が にて いて まちがえやすい かん字に ちゅういして、□に かん字を 書きましょう。

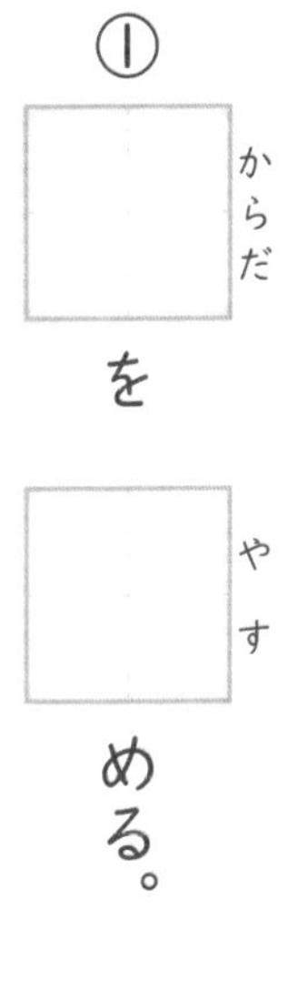

① □(からだ)を □(やす)める。

② □(ただ)しい いちで □(と)まる。

③ 気が □(あ)う 友だちと 休日に □(あ)う。

3 ―線の かん字の 形に ちゅういして、読みがなを 書きましょう。

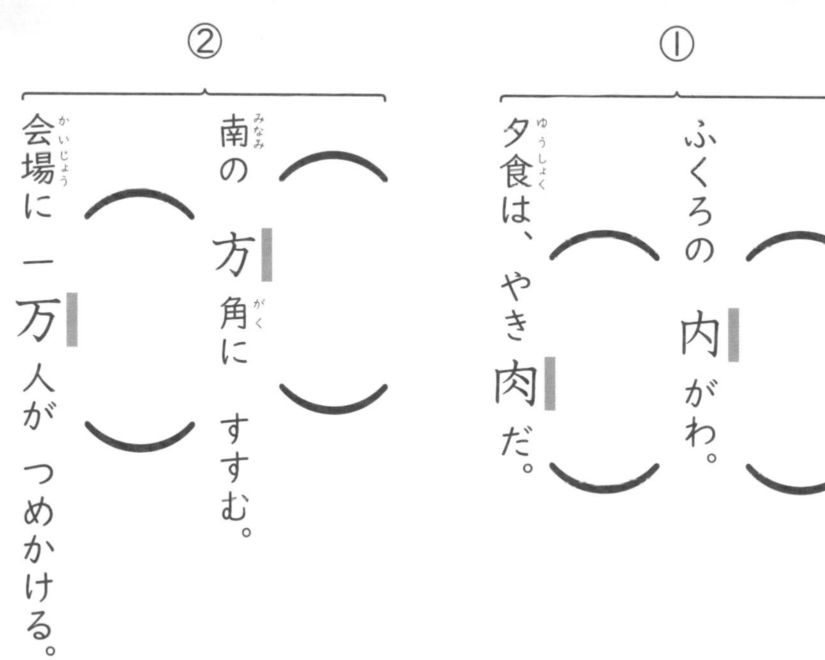

① ふくろの 内がわ。
夕食は、やき肉だ。

② 南の 方角に すすむ。
会場に 一万人が つめかける。

4 かん字の 形に ちゅういして、―線の ことばを かん字と ひらがなで 書きましょう。

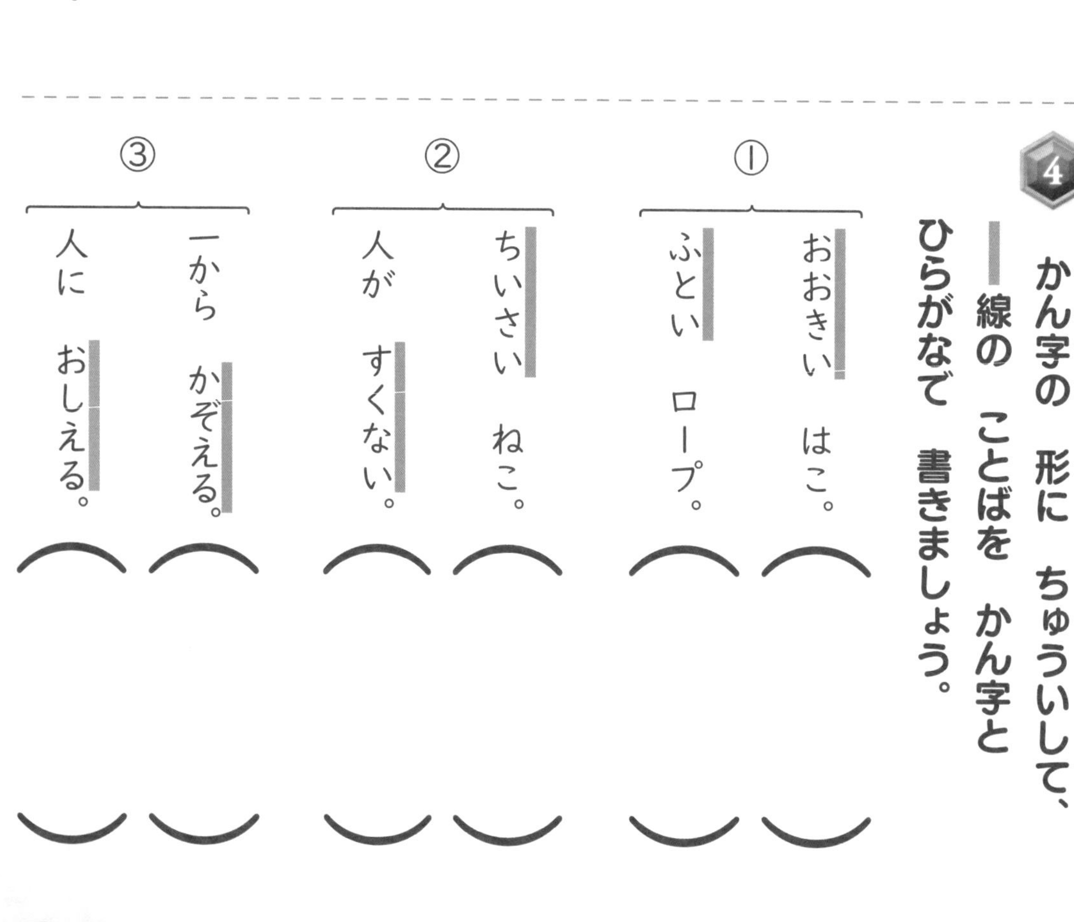

① おおきい はこ。
ふとい ロープ。

② ちいさい ねこ。
人が すくない。

③ 一から かぞえる。
人に おしえる。

リーファングは、むれで てきを とりかこみ、おいつめて たおす。

答え合わせをしたら ㉕の シールを はろう！

かたかなで　書く ことば

月　　日

答え 93 ページ

□の　かたかなで　書く ことばを、①〜④に　分けて きごうを　答えましょう。

ア　ワンワン　　イ　トントン
ウ　アメリカ　　エ　カステラ
オ　エジソン　　カ　ヒヒーン
キ　バシャッ　　ク　クッキー

①どうぶつの　鳴き声。
（　　）・（　　）

②いろいろな　ものの　音。
（　　）・（　　）

③外国から　来た　ことば。
（　　）・（　　）

④外国の、国や　土地の　名前、人の　名前。
（　　）・（　　）

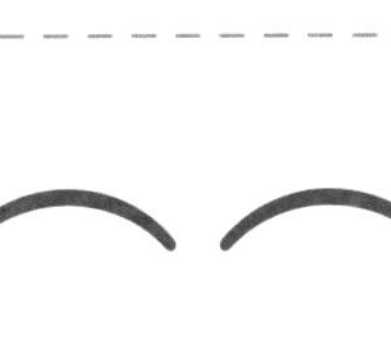

つぎの　絵から、かたかなで　書く　ことばを　二つ　見つけて、かたかなで　書きましょう。

（　　）（　　）

❸ つぎの 文から かたかなで 書く ことばを 二つずつ 見つけて、（ ）に かたかなに 直して 書きましょう。

① ねこが にゃあと ないて、てえぶるの したから でて きた。

（　　　）（　　　）

② あめが ざあざあ ふり、かぜが びゅうびゅう ふいた。

（　　　）（　　　）

---

❹ つぎの 絵から かたかなで 書く ことばを 見つけて、みじかい 文を 作りましょう。

【れい】マフラーを まく。

①（　　　）

②（　　　）

ドラゴンのひみつ　リーファングの むれどうしが、なわばりを めぐって たたかう ことも ある。

答え合わせを したら ㉖の シールを はろう！

27 にた　いみの　ことば／はんたいの　いみの　ことば

月　日

答え　93ページ

1 ――線の　ことばと　にた　いみの　ことばを、□から　えらんで　書きましょう。

①大きな　音に　びっくりする。（　　）
②公園の　花が　うつくしい。（　　）
③妹は　外では　しずかだ。（　　）
④先生に　しつもんする。（　　）

おとなしい　おどろく
たずねる　きれいだ

2 ――線の　ことばと　同じ　いみで　つかう　ことばの　きごうを、○で　かこみましょう。

①どこかに　さいふを　おとす。
ア　へらす　イ　なくす

②山の　てっぺんまで　のぼる。
ア　ちょう上　イ　まうえ

③きれいな　けしきを　見る。
ア　ながめる　イ　見学する

④公園の　ベンチに　すわる。
ア　しゃがむ　イ　こしかける

⑤姉は　歌が　うまい。
ア　おいしい　イ　上手だ

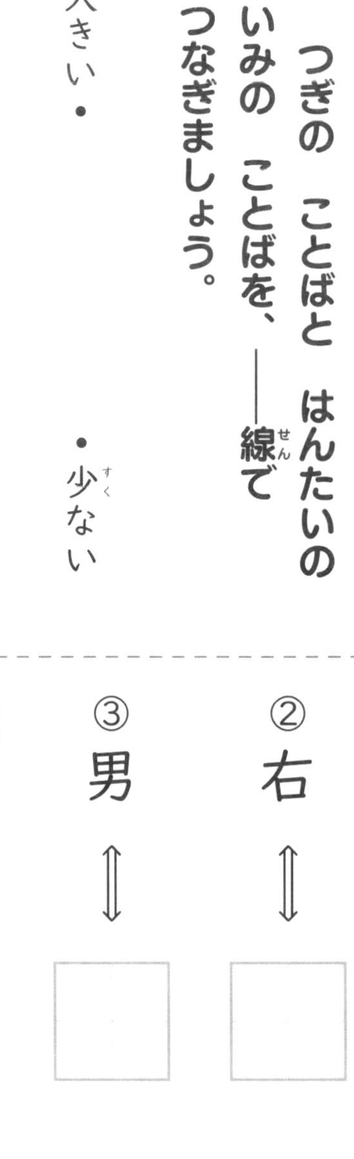

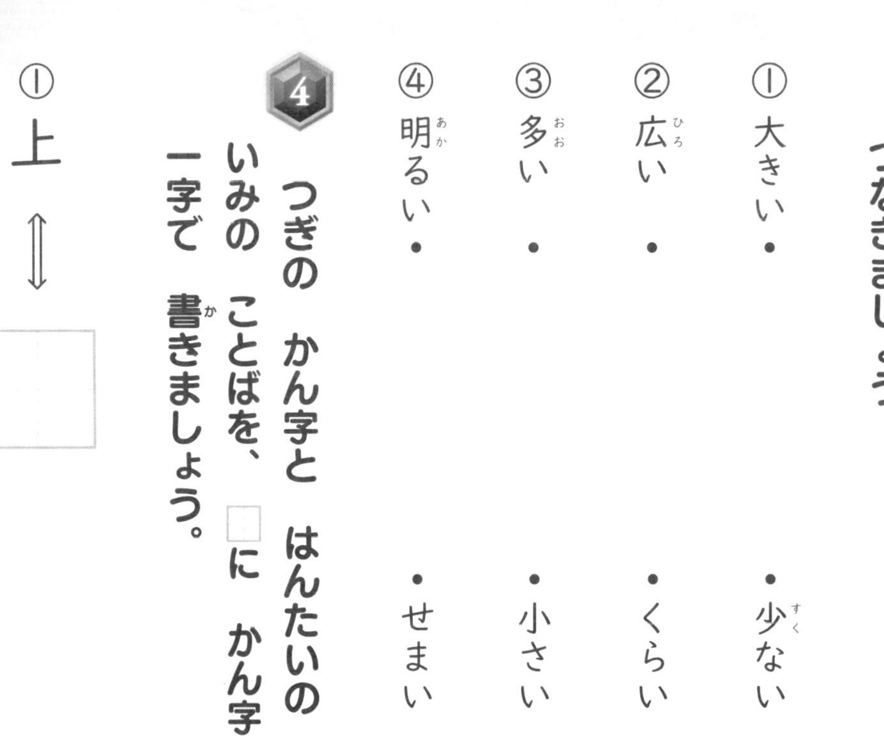

3 つぎの　ことばと　はんたいの　いみの　ことばを、——線で　つなぎましょう。

① 大きい・　　・少ない

② 広い・　　・くらい

③ 多い・　　・小さい

④ 明るい・　　・せまい

4 つぎの　かん字と　はんたいの　いみの　ことばを、□に　かん字　一字で　書きましょう。

① 上 ⇔ □

② 右 ⇔ □

③ 男 ⇔ □

5 ▌線の　ことばと　はんたいの　いみで　つかう　ことばの　きごうを、○で　かこみましょう。

① うわぎを　ぬぐ。

ア　はく　　イ　きる

② 高い　ビル。

ア　ひくい　　イ　やすい

③ うすい　トーストを　食べる。

ア　こい　　イ　あつい

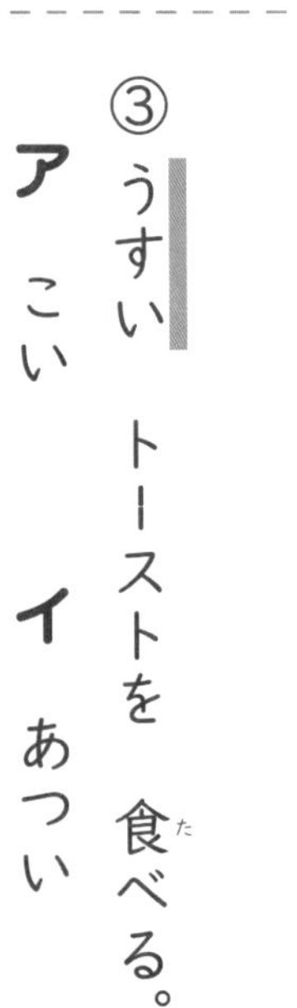

ドラゴンのひみつ

リーファングは、するどい　きばで　かみついて、てきに　とどめを　さす。

答え合わせを　したら　㉗の　シールを　はろう！

28 音や　ようすを　あらわす　ことば

月　　日

答え　94ページ

1 ――線の　音を　あらわす　ことばで、強い　かんじの　する　ほうに　○を　つけましょう。

① ア（　）ドアを　トントン。
　 イ（　）ドアを　ドンドン。

② ア（　）風が　ヒューヒュー。
　 イ（　）風が　ビュービュー。

③ ア（　）足音が　バタバタ。
　 イ（　）足音が　パタパタ。

④ ア（　）パリパリ　かじる。
　 イ（　）バリバリ　かじる。

⑤ ア（　）石が　池に　ポチャン。
　 イ（　）石が　池に　ボチャン。

2 つぎの　文に　合う　ほうの　ようすを　あらわす　ことばを、○で　かこみましょう。

① この　くつは　{ぷかぷか／ぶかぶか}　だ。

② 星が　{きらきら／ぎらぎら}　かがやく。

③ おゆが　{くらくら／ぐらぐら}　わく。

④ はちみつが　手に　ついて　{へとへと／べとべと}　する。

その　ちょうし！

3 つぎの　文で、音や　鳴き声を　あらわす　ことばには　――線を、ようすを　あらわす　ことばには　〰〰線を、右がわに　引きましょう。（二つの　文に　それぞれ　一つずつ　あります。）

①クッキーは　ほかほかの　やき立てで、かじると、サクッと　音がした。

②水の　中で　ケロケロ　鳴いて　いた　かえるが、ぴょんと　池から　とび出した。

4 つぎの　①～④は、何を　する　ときの　音や　ようすを　あらわして　いますか。□から　えらんで、（　）に　書きましょう。

①すやすや・ぐっすり・グーグー　（　　　）とき。

②てくてく・バタバタ・すたすた　（　　　）とき。

③ぱくぱく・がつがつ・ポリポリ　（　　　）とき。

④にっこり・けらけら・ガハハ　（　　　）とき。

食べる　歩く　ねむる　わらう

ドラゴンのひみつ
ガエンペルは、あつい　場しょでも、さむい　場しょでも　ゆうりに　たたかえる。

答え合わせを　したら　㉘の　シールを　はろう！

29

丸（。）・点（、）・かぎ（「　」）の　つかい方

月　日

答え　94ページ

つぎの　文が　正しい　書き方に　なるように、□に　丸（。）か　点（、）を　つけましょう。

① わたしは□三人兄弟だ□

② 本を　読むのが□すきだ□

③ 土曜日は　家で　休み□日曜日は　出かける　よていだ□

④ 雨が　ふりそうだったので□かさを　もって　出かけた□

2

つぎの　文が　①・②の　いみに　なるように、点（、）を　一つ　つけましょう。

・わたしは妹とお母さんをげんかんまで出むかえた。

① 出むかえたのは、「わたし」と　妹だと　いう　いみ。

わ た し は 妹 と お 母 さ ん を げ ん か ん ま で 出 む か え た。

② 出むかえたのは、「わたし」だけだと　いう　いみ。

わ た し は 妹 と お 母 さ ん を げ ん か ん ま で 出 む か え た。

3 つぎの　文しょうが　正しい　書き方に　なるように、丸（。）と　かぎ（「　」）を　つけましょう。

校門の　ところで　友だちに
会ったので、元気よく
おはよう
と、あいさつしました　でも、
友だちは、なんだか　元気が
ありません　気に　なって、
どうしたの
と　聞くと、
ちょっと　おなかが　いたい
と　言ったので、ほけん室に
いっしょに　行きました

4 つぎの　文を、【　】の　とおりに、それぞれ　書き直しましょう。

① 「先生　さようなら」
【点と　丸を　一つずつ　入れる。】

②のどが　かわいたので　水を　のんだ。【点を　一つ　入れる。】

③まず　顔を　あらう　それから　はを　みがく　【二つの　文に　なる　ように、丸を　二つ　入れる。】

ドラゴンのひみつ
ガエンペルは、二つの　口で　左右から　同時に　こうげきする　ことが　できる。

答え合わせを　したら　㉙の　シールを　はろう！

だれ（何）が　どう　する（主語・述語）

月　日

答え 94ページ

1 つぎの　文の　形を　□から　えらんで、きごうで　答えましょう。

① わたしは　二年生だ。（　）
② わたしが　話す。（　）
③ わたしは　うれしい。（　）
④ 犬が　かけ回る。（　）
⑤ 犬は　元気だ。（　）

ア　だれ（何）が（は）　どう　する。
イ　だれ（何）が（は）　どんなだ。
ウ　だれ（何）が（は）　何だ。

2 つぎの　文の　主語には　〰〰線を、述語には　——線を　右がわに　引きましょう。

【れい】さくらの　花が　きれいだ。

① わたしの　弟は　おしゃべりだ。
② あゆは　川に　すむ　魚だ。
③ 海は　とても　広い。
④ 午後から　空が　晴れた。
⑤ ねこが　ソファーで　ねむる。
⑥ 姉は　早おきが　にがてだ。
⑦ ボールが　ころころ　ころがる。

3 つぎの 文から 主語と 述語を 書き出しましょう。

① わたしは 日曜日に、弟と 公園へ 行きました。

ア 主語 （　　　）

イ 述語 （　　　）

② 父の 作る ケーキは とても おいしい。

ア 主語 （　　　）

イ 述語 （　　　）

③ 先生に よばれた 林さんが へんじした。

ア 主語 （　　　）

イ 述語 （　　　）

---

4 つぎの ことばを ならべかえて、主語と 述語が そろった 文を 作りましょう。

① ひく ピアノを 毎日 兄は

（　　　）

② 花が ばらの さく きれいに

（　　　）

③ 雨が ふる しとしと 朝から

（　　　）

ガエンペルは、弱い てきなら、かた方の 頭だけで かんたんに たおせる。

答え合わせを したら ㉚の シールを はろう！

31 ものがたりの　読みとり①

月　日

答え　95ページ

森の　おくの　小さな　ぬまに　すむ　おじいさんがえるは、とても　もの知りの　かえるです。□、森の　どうぶつたちは、毎日のように　かえるに　そうだんに　来て　います。

今日は、はが　いたいと　いう　しかが、なやんで　やって　来ました。

かえるは　しかを　じっと　見て、「あーんと　して　ごらん。」と　言いました。しかが　口を　あけると、下の　はに、小えだが　引っかかって　いるのが　わかりました。はに　はさまった　小えだを　とって　もらった　しかは、おれいを　言って、かろやかな　足どりで　帰って　いきました。

1 おじいさんがえるは、どこに　すむ、どんな　かえるですか。

・（　　　）に　すむ、（　　　）の　かえる。

2 □に　当てはまる　ことばに、○を　つけましょう。

（　）しかし　（　）だから

（　）すると　（　）つまり

3 しかが　かろやかな　足どりで　帰って　いったのは、なぜですか。

・かえるが、しかの（　　　）に　はさまった（　　　）を　とって　あげたから。

4 □に 当(あ)てはまる かん字を 書(か)きましょう。

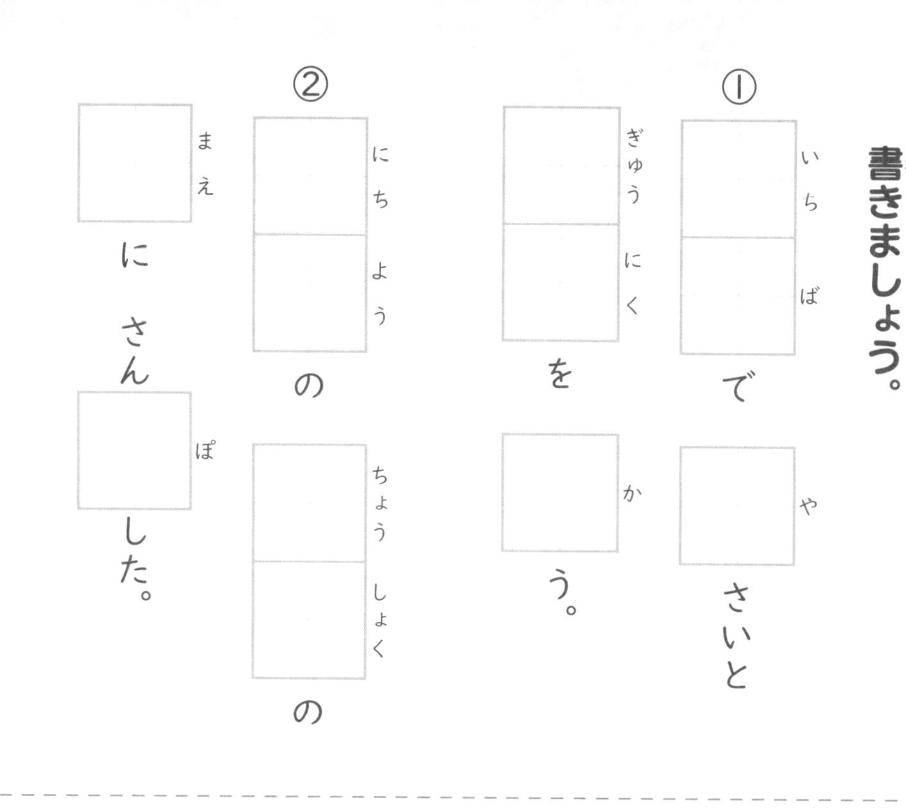

① (いちば)で (や)さいと (ぎゅうにく)を (か)う。

② (にちよう)の (ちょうしょく)の (まえ)に さん(ぽ)した。

5 つぎの（　）に 合(あ)う 数(かぞ)える ことばを、□から えらんで 書きましょう。

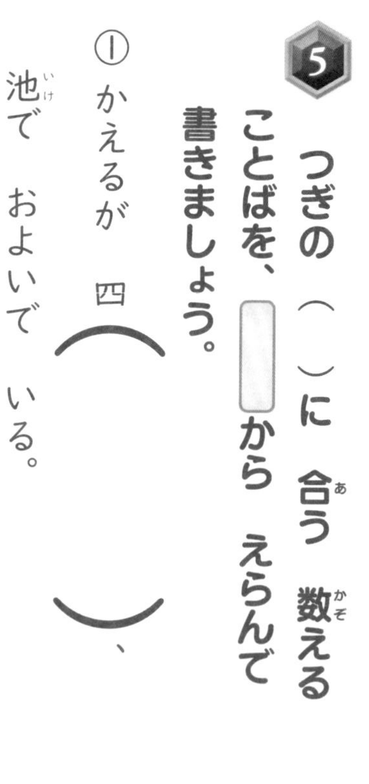

① かえるが 四（　　　）、池(いけ)で およいで いる。

② 小鳥(ことり)が 二（　　　）、木に 止(と)まって さえずって いる。

③ 馬(うま)が 五（　　　）、草原(そうげん)を 走(はし)って いる。

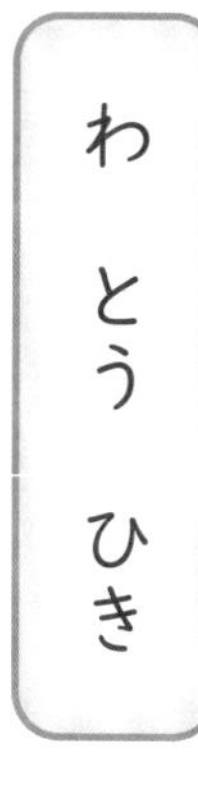

わ　とう　ひき

ドラゴンのひみつ　ガエンペルに　こおらされた　てきは、まったく　みうごきが　とれなくなる。

答(こた)え合(あ)わせをしたら ㉛の シールを はろう！

32
ものがたりの 読みとり②

月　　日

答え 95ページ

ひろとは、少し 高い てつぼうに 足を かけて さかさに なる 「こうもり」と いう わざが お気に入りです。足を 少し うごかして ゆらゆら ゆれると、ぶらんこに さかさに のって いるみたいです。
ある日の 休み時間、ひろとが 目を つぶって ゆらゆらして いた ときの ことです。どこかから、小さな 小さな ひめいが 聞こえました。
おどろいた ひろとが、ぱっと 目を あけると、地めんで おきあがれなく なった コガネムシが ばたばた もがいて いました。
「コガネムシくんの 声だったのか。」
ひろとは、てつぼうを 下りました。

1 てつぼうの 「こうもり」と いう わざで ゆれる ようすを、どのように 書いて いますか。

・（　　　　）に さかさに のって いるみたい。

2 ━線が 聞こえた ときの ひろとの 気もちを 五字で 書き出しましょう。

3 ━線は、だれの ひめいでしたか。

・地めんで （　　　　） なった （　　　　）。

4 つぎの ―線の ことばを かん字と ひらがなで 書きましょう。

① 友だちと はなす。（　　）

② 家は 学校から ちかい。（　　）

③ 三時半に 家に かえる。（　　）

④ みんなで うたを うたう。（　　）

5 【れい】のように、二つの ことばを 組み合わせて、一つの ことばを 作りましょう。

【れい】走る＋回る↓（走り回る）

① とぶ＋上がる（　　）

② 思う＋出す（　　）

③ 青い＋白い（　　）

④ 細い＋長い（　　）

ドラゴンのひみつ　ガエンペルの ほのおは、うごけなく なった てきを こおりごと もやしつくす。

答え合わせを したら ㉜の シールを はろう！

33 せつめい文の　読みとり①

月　日

答え 95ページ

カンガルーは、太くて　じょうぶな　しっぽで　バランスを　とり、ジャンプしながら　前に　すすみます。
この　しっぽは　じつは、けんかの　ときにも　やくに　立つのです。さて、どのように　つかうのでしょうか。
カンガルーは、おすどうしで　けんかを　する　とき、パンチだけでは　なく、強い　キックを　し合って　たたかう　ことが　あります。この　とき、なんと、しっぽだけで　立ち、りょうあしで　あいての　おなか　目がけて　いきおいよく　キックを　するのです。キックして　いる　ときの　ようすは、まるで　足が　三本　ある　みたいです。

1 **カンガルーが　前に　すすむ　とき、どのように　すすみますか。**

・しっぽで（　　　　）を　とり、（　　　　）しながら。

2 **けんかを　して　いる　おすの　カンガルーが　キックする　とき、どのように　キックしますか。**

・（　　　　）だけで　立ち、りょうあしで　キックする。

3 **2の　カンガルーの　ようすを　どのように　たとえて　いますか。**

・まるで（　　　　）みたい。

4 □に 当(あ)てはまる かん字を かきましょう。

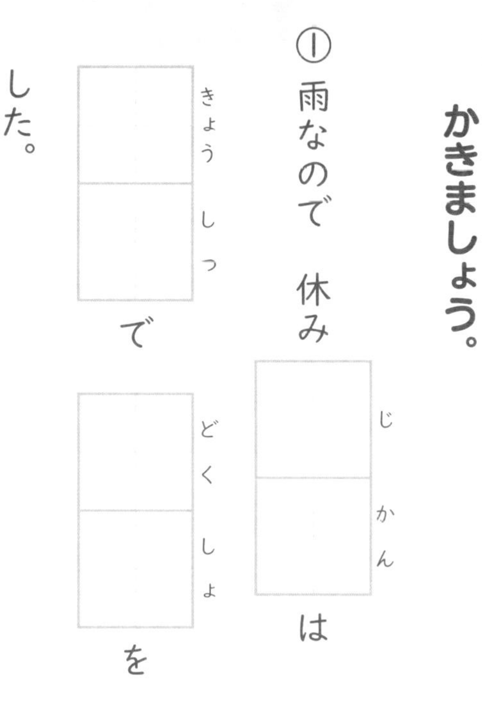

① 雨なので 休み □□(じかん)は □□(きょうしつ)で □□(どくしょ)を した。

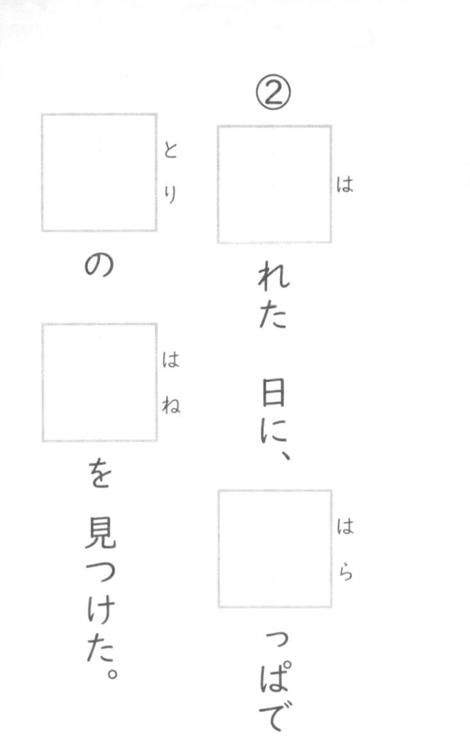

② □(は)れた 日に、□(はら)っぱで □(とり)の □(はね)を 見つけた。

---

5 つぎの 文の（ ）に 合(あ)う たとえる 言(い)い方(かた)を、□から えらんで かきましょう。

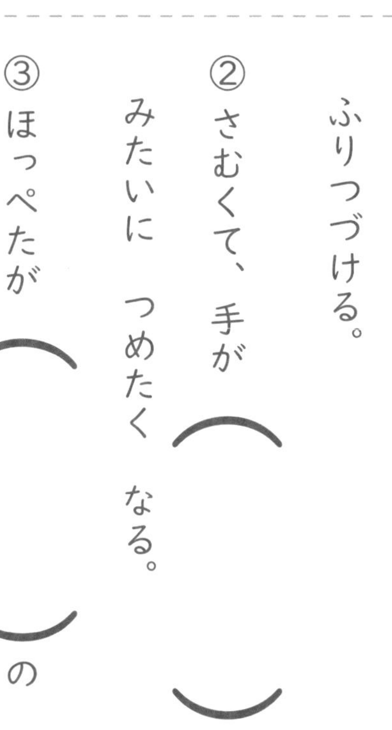

① 雨が（　　）のように ふりつづける。

② さむくて、手が（　　）みたいに つめたく なる。

③ ほっぺたが（　　）の ように 赤い。

こおり　りんご　たき

ガエンペルは、つばさで 空を とびながら たたかうのも とくいだ。

答(こた)え合(あ)わせを したら ㉝の シールを はろう！

せつめい文の　読みとり②

月　日

答え　96ページ

　えものを　おそう　どうぶつには、遠くから　とびかかる　ための　ジャンプ力が　ひつようです。中でも、いちばん　ジャンプ力が　あるのは、ユキヒョウです。一回の　ジャンプで、なんと　十五メートルほど　遠くまで　とぶ　ことが　できます。これは、かなり　広い　どうろの　はばと　同じくらいの　長さです。
　高い　山の　岩場に　すむ　ユキヒョウは、ジャングルに　すむ　トラや　草原に　すむ　ライオンと　ちがい、草や　木の　かげに　かくれる　ことが　できません。□、ユキヒョウは　ほかの　どうぶつよりも　遠くまで　とべるように　なったのです。

1 えものを　おそう　どうぶつに　ひつような　力は、なんですか。

・遠くから（　　　）ための（　　　）力。

2 ユキヒョウが　いちばん　遠くまで　とべるのは、なぜですか。

・高い　山の（　　　）では、草や　木の　かげに（　　　）ことが　できないから。

3 □に　当てはまる　ことばに、○を　つけましょう。

（　）しかし　（　）または
（　）そこで　（　）さらに

4 つぎの ―線の ことばを かん字と ひらがなで 書きましょう。

① つよい 風が ふく。
（　　　　）

② あたらしい くつを はく。
（　　　　）

③ たかい 山に のぼる。
（　　　　）

④ 答えを よく かんがえる。
（　　　　）

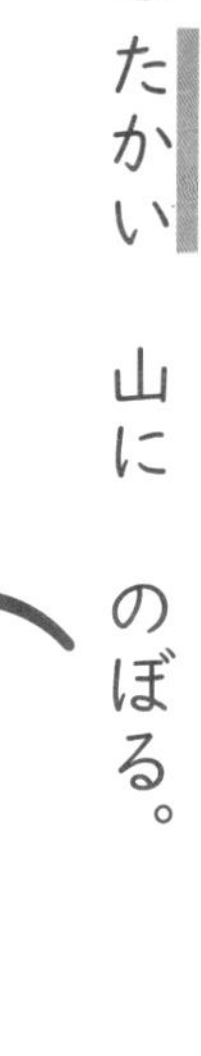

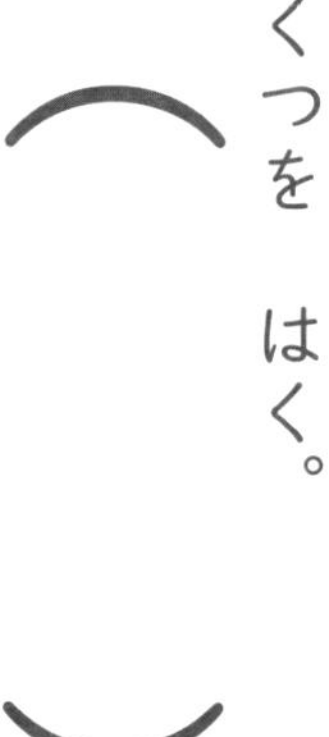

---

5 つぎの 文に 合う ほうの つなぐ ことばに、○を つけましょう。

① バスていまで 走った。
{（　）だから／（　）しかし}
間に 合った。

② 公園で ぶらんこに のった。
{（　）それとも／（　）それから}
ジャングルジムに のぼった。

③ いそいで 家を 出た。
{（　）また／（　）でも}
まち合わせ時間に 少し おくれて しまった。

ドラゴンの ひみつ
ガエンペルが ほのおや こおりの いきを はく ときは、目が 光る。

答え合わせを したら ㉞の シールを はろう！

35 しの　読みとり

月　日

答え 96ページ

おおきくなあれ

さかた　ひろお

あめの　つぶつぶ
ぶどうに　入れ
ぷるん　ぷるん　ちゅるん
ぷるん　ぷるん　ちゅるん
おもくなれ　あまくなれ

あめの　つぶつぶ
りんごに　入れ
ぷるん　ぷるん　ちゅるん
ぷるん　ぷるん　ちゅるん
おもくなれ　あかくなれ

（坂田寛夫『新版　ぽんこつマーチ』〈大日本図書〉より）

1 「入れ」と　ありますが、何に　めいれいして　いますか。

（　　　）

2 ぶどうや　りんごに　あめの　つぶつぶが　入る　ようすを　あらわす　ことばを、書き出しましょう。

（　　　）

3 りんごに　大きく　なって　ほしいと　思う　気もちが　わかる　ぶぶんを、書き出しましょう。

（　　　）

4 □に 当てはまる かん字を 書きましょう。

① 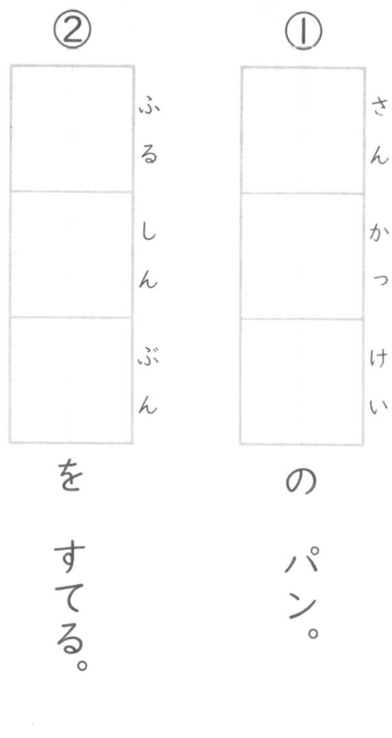（さんかっけい）の パン。

② （ふるしんぶん）を すてる。

③ 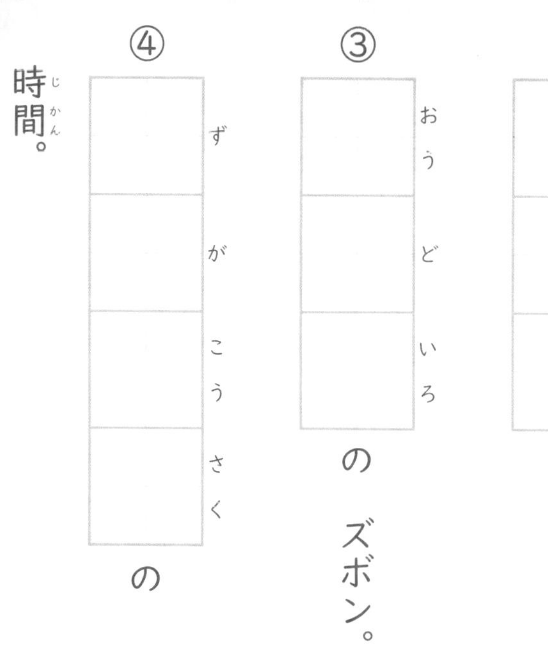（おうどいろ）の ズボン。

④ （ずがこうさく）の 時間。

5 つぎの 文に 合う ほうの ことばを、○で かこみましょう。

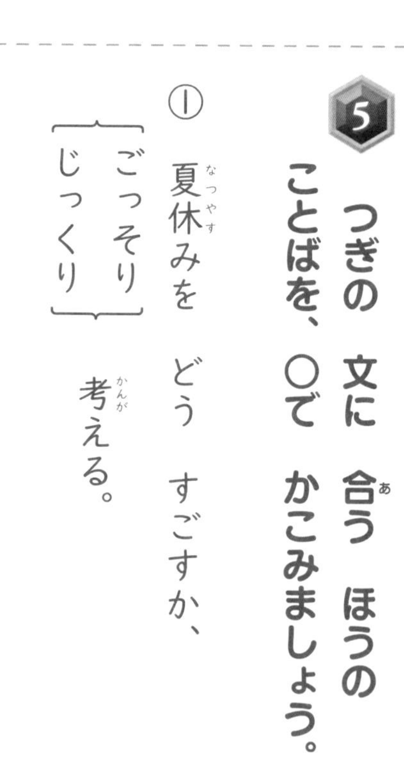

① 夏休みを どう すごすか、｛ごっそり・じっくり｝ 考える。

② かっこいい きょうりゅうの 絵に ｛うっかり・うっとり｝ する。

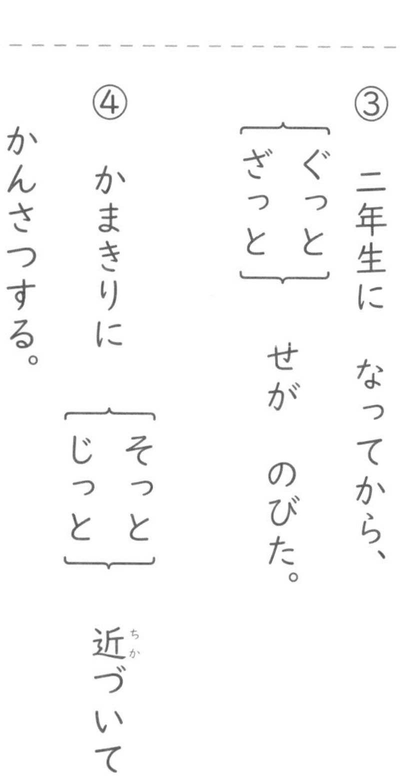

③ 二年生に なってから、｛ぐっと・ざっと｝ せが のびた。

④ かまきりに ｛そっと・じっと｝ 近づいて かんさつする。

ガエンペルは、きばや つめで てきの きゅうしょを こうげきして とどめを さす。

答え合わせを したら ㉟の シールを はろう！

作文の　書き方

月　日

答え 96ページ

1 **つぎの　文を、原こう用紙に書いて　みましょう。**

● わたしは、友だちから、「この本がおもしろいから、読んでみて。」と、すすめられました。

一ます あける。

一ます あける。

一ます あける。

2 **つぎの　ことばを、「いつ」「どこで」「だれが（は）」「どうした」の　じゅんに　なるように　ならべかえて、文を　作りましょう。**

① 公園で／きのう／わたしと妹は／あそんだ

② 歌った／二時間目に／音楽室で／二年二組のみんなが

3 つぎの メモを 見て、した ことの じゅんじょを あらわす ことばを つかって、下の □に 書きましょう。

【メモ】
光る どろだんごの 作り方
①きれいな 土を あつめて、小石や はっぱを とる。
②土に 水を まぜて、丸い 形に する。
③かわいた 土を かけて、大きく かたく する。
④一時間 たったら、また ③を くりかえす。
⑤かわいたら、やわらかい ぬので よく みがく。

① まず、きれいな 土を あつめて、小石や はっぱを とります。

②

③ そして、かわいた 土を かけて 大きく かたく します。

④

⑤ さいごに、かわいたら やわらかい ぬので よく みがけば、でき上がり です。

ドラゴンのひみつ
ガエンペルは、ほこりを きずつけられると はげしく おこる。

答え合わせを したら ㊱の シールを はろう！

答えとアドバイス

おうちの方へ

間違えた問題は，見直しをして しっかり理解させましょう。

算数

1 ひょうと グラフ，時こくと 時間 13 ページ

1 ① 右の図 ② 4本 ③ けん

ぶきの 数

●			
●			●
●			●
●		●	●
●	●	●	●
●	●	●	●
●	●	●	●
けん	おの	やり	ゆみや

2 ① 3時10分 ② 4時40分 ③ 20分

3 ①

くだものの 数

くだもの	りんご	いちご	もも	レモン	みかん
数	5	8	4	3	6

くだものの 数

	●			
	●			
	●			●
●	●			●
●	●	●		●
●	●	●	●	●
●	●	●	●	●
●	●	●	●	●
りんご	いちご	もも	レモン	みかん

② 5こ

4 ① 60 ② 24 ③ 8時55分 ④ 4時50分

アドバイス **1** ②は表を，③はグラフを見るとわかりやすいです。このように，表はそれぞれの数量が，グラフは数量の大小関係がわかりやすいという特徴に気づかせましょう。

2 ①，③は，文字盤の数字のある目盛りをもとにして，5，10，15，…と数えて求めさせるとよいです。

3 ①で表に表すときは，数え間違いがないように，印をつけながら数えさせましょう。②は，表からひき算で求めても，グラフから差を数えて求めても，どちらでもよいです。

2 たし算の ひっ算① 15 ページ

1 ① 65 ② 74 ③ 88 ④ 76 ⑤ 72 ⑥ 53 ⑦ 60 ⑧ 83 ⑨ 70

2 ① 98 ② 71 ③ 59 ④ 84 ⑤ 52 ⑥ 90

⑦ $\begin{array}{r} 33 \\ +46 \\ \hline 79 \end{array}$ ⑧ $\begin{array}{r} 67 \\ +18 \\ \hline 85 \end{array}$ ⑨ $\begin{array}{r} 5 \\ +57 \\ \hline 62 \end{array}$

3 28+6=34 34こ

アドバイス **2** ⑦～⑨は，位を縦にそろえて書くことが大切です。特に⑨のようにけた数が違う場合は注意が必要です。

3 ひき算の ひっ算① 17 ページ

1 ① 23 ② 56 ③ 3 ④ 82 ⑤ 24 ⑥ 35 ⑦ 17 ⑧ 8 ⑨ 53

2 ① 52 ② 60 ③ 4 ④ 16 ⑤ 43 ⑥ 9

⑦ $\begin{array}{r} 89 \\ -37 \\ \hline 52 \end{array}$ ⑧ $\begin{array}{r} 54 \\ -17 \\ \hline 37 \end{array}$ ⑨ $\begin{array}{r} 80 \\ -\ 2 \\ \hline 78 \end{array}$

3 32−5=27 27こ

アドバイス **1** ⑤～⑨のくり下がりがある計算では，くり下げた後の数を小さく書いて計算すると，くり下げたことを忘れるミスが防げます。

4 100を こえる 数① 19ページ

1 ①231 ②2 ③304
④1000

2 ㋐200 ㋑50 ㋒250

3 ①756 ②483 ③6，10
④360 ⑤52

4 ①㋐670 ㋑1000
②㋐382 ㋑406

アドバイス **1** ③では，「34」や「3004」と書いてしまうことがあります。十の位には何もないことを表す0を書くことを理解させましょう。

三百 四

百	十	一
3	0	4

←くらい

3 ⑤は次のように考えます。

520〈 500➡10が 50こ 〉10が
　　 20➡10が 2こ 〉52こ

4 いちばん小さい1目盛りがいくつかを考えます。①は，100の間が10に分かれているので，1目盛りは10。②は，10の間が10に分かれているので，1目盛りは1です。

5 100を こえる 数② 21ページ

1 ①110 ②40 ③160
④70

2 ①500 ②200 ③1000
④400

3 ①< ②>

4 ①140 ②150 ③110
④120 ⑤50 ⑥90
⑦60 ⑧80

5 ①600 ②900 ③1000
④300 ⑤600 ⑥200

6 ①< ②> ③= ④<

アドバイス **1** 10のまとまり（⑩）が何個かを考えて，次のように計算します。

①10が，5+6=11で11個
　10が11個で，110

②10が，13−9=4で4個
　10が4個で，40

2 100が何個かを考えれば，**1** と同じように計算できます。

3 ②は「80+50」を計算し，140と計算の答えの130で比べます。

6 長さ 23ページ

1 ①6cm5mm ②1m8cm

2 ①10 ②26 ③4，8
④100 ⑤450 ⑥3，70

3

4 ①8cm3mm ②9cm2mm
③6m40cm ④4m70cm

アドバイス **2** ⑤，⑥は，それぞれ次のように考えます。

⑤ 4m 50cm
　400cmと50cmで，450cm

⑥ 370cm 300cm=3mだから，
　300 70 3m70cm

かさ　25ページ

1 ①1L5dL　②2L3dL

2 ①10　②28　③3，4
④1000　⑤100

3 ①2L3dL，23dL
②14dL，1L4dL
③600mL

4 ①6L5dL　②7L5dL
③2L9dL

アドバイス **2**⑤「1dL=100mL」の関係は，「1L=1000mL」の関係から，次のように理解させましょう。

3図をもとにして，「○の何個分」というかさの表し方と単位の関係を再確認します。①，②は，「1Lは1dLの10個分（1L=10dL）」の関係から，次のようにも表せます。
①1dLの23個分で，23dL
②1dLの10個分（1L）と4個分で，
　1L4dL
　③は「1dL=100mL」の関係から，100mLの6個分で，600mLです。

8 たし算の　ひっ算②　27ページ

1 ①141　②125　③170
④104　⑤103　⑥356
⑦865

2 ①22，28　②20，28

3 ①144　②106　③131
④160　⑤107　⑥104
⑦100　⑧583　⑨862

⑩
$$\begin{array}{r} 39 \\ +\ 79 \\ \hline 118 \end{array}$$

⑪
$$\begin{array}{r} 98 \\ +\ \ 7 \\ \hline 105 \end{array}$$

⑫
$$\begin{array}{r} 487 \\ +\ \ \ 9 \\ \hline 496 \end{array}$$

4 ①26　②38　③35　④59

アドバイス **4**たして何十になる2つの数を見つけて先に計算します。
②8+<u>21+9</u>=8+<u>30</u>=38
③<u>17</u>+15<u>+3</u>=<u>20</u>+15=35

9 ひき算の　ひっ算②　29ページ

1 ①73　②52　③54　④91
⑤24　⑥17　⑦97　⑧345
⑨429

2 ①57　②80　③62
④86　⑤62　⑥8
⑦94　⑧608　⑨374

⑩
$$\begin{array}{r} 112 \\ -\ \ 47 \\ \hline 65 \end{array}$$

⑪
$$\begin{array}{r} 104 \\ -\ \ \ 6 \\ \hline 98 \end{array}$$

⑫
$$\begin{array}{r} 610 \\ -\ \ \ 3 \\ \hline 607 \end{array}$$

3 113−26=87　　87ひき

アドバイス **1**⑤〜⑦のような一の位の計算で百の位から順にくり下げる計算では，くり下げる仕組みに合わせて，下のように補助数字をしっかり書いて計算させましょう。

⑤

$$\begin{array}{r} 10 \\ 103 \\ -\ \ 79 \\ \hline \end{array}$$
百の位から十の位に1くり下げる。

$$\begin{array}{r} 9 \\ 10 \\ 103 \\ -\ \ 79 \\ \hline \end{array}$$
十の位から一の位に1くり下げる。

10 たし算と ひき算の 文しょうだい

31 ページ

1 21−13=8　8本

2 17+9=26　26こ

3 23−9=14　14本

4 24−15=9　9人

5 8+17=25　25ひき

アドバイス 3〜5の図は，それぞれ次のようになります。

3
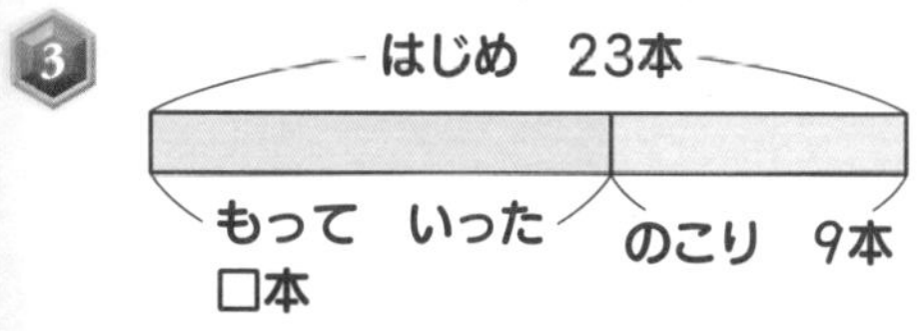

4
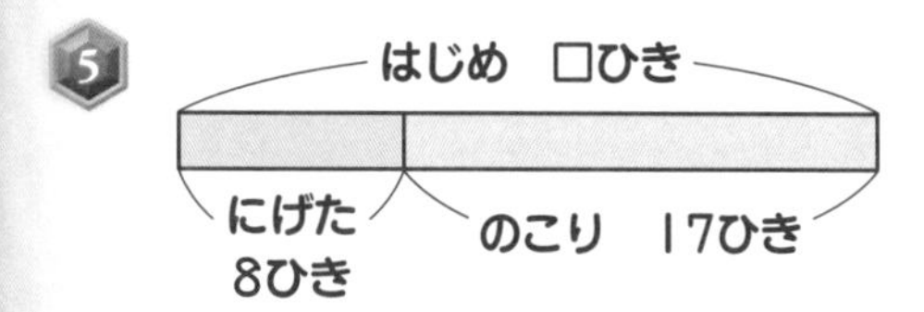

5
はじめ □ひき
にげた 8ひき
のこり 17ひき

図に表すことで，部分を求めるときはひき算，全体を求めるときはたし算になるとわかります。

図は，問題文に合わせて数量を記入していきますが，位置や表現の仕方に特にきまりはありません。数量の関係がわかればよいでしょう。なお，5の図では，上の図とは左右を逆にして表すこともあります。この場合，式を「17+8=25」としても正解です。

11 三角形と 四角形

33 ページ

1 3，4，直線

2 ㋑，㋓

3 ① 長方形　② 正方形
③ 直角三角形

4 三角形…㋐，㋓
四角形…㋑，㋖

5
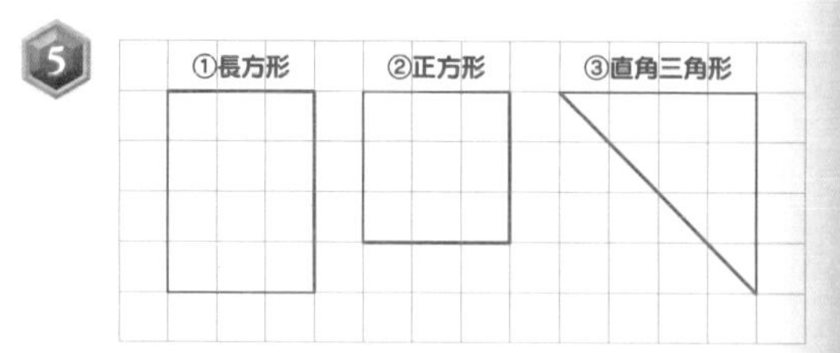

6 ㋐4cm　㋑3cm

アドバイス 4㋒は直線がはなれているところがあること，㋔は5本の直線で囲まれていること，㋕は曲線が含まれていることから，三角形や四角形とはいえないと気づくことが大切です。

12 かけ算①

35 ページ

1 2×4=8

2 ①5　②10　③2　④4
⑤3　⑥6　⑦9　⑧12
⑨4　⑩8　⑪12　⑫16

3

4 ①15　②10　③25　④12
⑤18　⑥35　⑦18　⑧20
⑨28　⑩21　⑪32　⑫27

5 5×8=40　40こ

アドバイス 3上の絵は，1皿に3個ずつ2皿分なので「3×2」です。下の絵は，1皿に2個ずつ3皿分なので「2×3」です。かけ算の式の意味をよく理解させましょう。

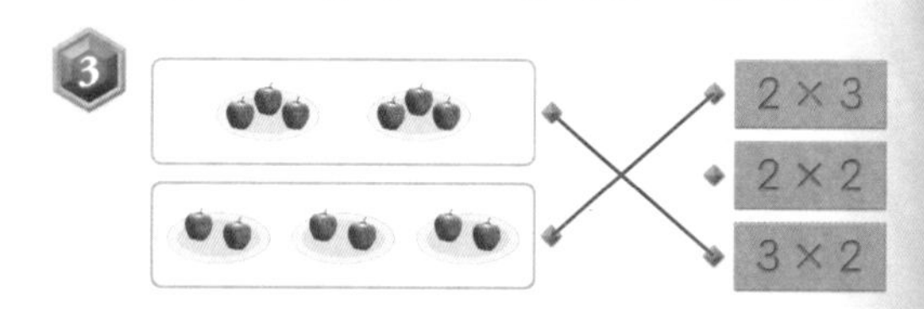

13 かけ算②　37ページ

1 ①㋐30　㋑36　㋒42
㋓6　㋔6
②㋐35　㋑42　㋒49
㋓7　㋔7
③㋐40　㋑48　㋒56
㋓8　㋔8
④㋐45　㋑54　㋒63
㋓9　㋔9
⑤1

2 ①7　②5

3 ①12　②21　③32　④48
⑤28　⑥27　⑦64　⑧14
⑨81　⑩24　⑪5　⑫9

4 ①8　②2　③6

5 7×8=56　56こ

アドバイス 1，2で以下のかけ算のきまりについて気づかせ，4に取り組ませましょう。

- かける数が1ふえると，答えはかけられる数だけふえる。
- かけられる数とかける数を入れかえて計算しても，答えは同じになる。

5「1つ分の数」は7個で，全部の数は「7個の8つ分」になるので，式は「7×8」です。「8×7」と間違えていた場合は，「1つ分の数」と「いくつ分」をよく考えさせましょう。

14 1000を こえる 数　39ページ

1 ①2432　②2　③3025
④10000

2 ㋐2000　㋑800　㋒2800

3 ①6584　②4907　③3600
④24

4 ㋐1100　㋑3700

5 ①>　②<

6 ①1500　②300

アドバイス 3①，②のような数を数字で表す問題では，下のような簡単な位取り表を作って書きこむと，間違いが防げます。

②

千	百	十	一
4	9	0	7

くらい

何もない位には0を書く。

15 はこの 形，分数　41ページ

1 ㋐面…6　へん…12
ちょう点…8
㋑面…6　へん…12
ちょう点…8

2 ①㋑に○　②㋒に○

3 ①㋐8こ　㋑8こ
②7cm…4本　5cm…4本
3cm…4本
③12本

4 ①$\frac{1}{4}$　②$\frac{1}{2}$　③$\frac{1}{3}$　④$\frac{1}{8}$

アドバイス 3粘土玉が頂点に，ひごが辺にあたります。㋐の箱の形（直方体）では，長さの等しい辺が4つずつ3組あることに気づかせましょう。

4何等分したうちの1個分かを考え，分数の表し方を理解させましょう。

せいかつ

16 野さいを　そだてよう　43 ページ

1 ①ピーマン
②ジャガイモ
③ハクサイ
④キュウリ
⑤カボチャ
⑥トウモロコシ

2 ①1　②3　③4　④2

3 ①×　②○
③○　④○
⑤○　⑥×

アドバイス 2 種をまき，芽が出て茎が伸び，花が咲いたあとに実がつきます。野菜は苗から育てることもあります。成長の過程をよく観察し，記録をつけさせるようにしましょう。

3 ② 雑草を抜くときは，土の中に根を残さないようにします。

③ 野菜を上手に育てるためには，土づくりが大切です。土には，肥料や腐葉土を混ぜるとよいです。

17 まちを　たんけんしよう　45 ページ

1 イ

2 省略

3

①　③

あ	び	さ	か	こ	と	も
し	ょ	う	ぼ	う	し	ょ
ま	う	た	め	ば	ょ	す
ぴ	い	わ	ど	ん	さ	き
つ	ん	か	は	た	け	ゆ

④（左）　②（下）

アドバイス 1 お店の中では静かに行動します。勝手に商品に触れたりお客さんのじゃまになったりしないようにしなければなりません。周りの人の迷惑にならず，安全に気をつけて探検できるように，お子さんと一緒に約束を確認しましょう。

18 生きものを　さがそう，そだてよう　47 ページ

1

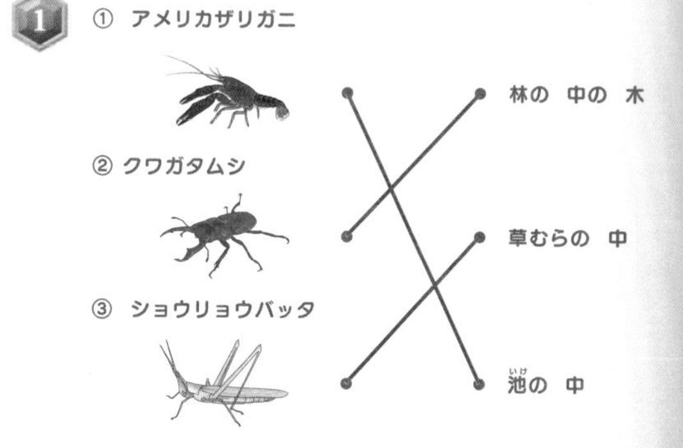

2 （左から）1，3，4，2

3 ①×　②×　③○　④○

4 省略

アドバイス 1 ① 外来種のアメリカザリガニは，流れのない浅い水辺にすんでいます。何でも食べて繁殖力も強いことから，生態系への影響が心配されています。飼うときは，ふやしたり外に放したりしないようにしましょう。

3 おたまじゃくしを飼うときは，水槽に砂や石を入れておきます。前あしが出てきたら水を減らして陸地を作り，成長したとき陸地に上がれるようにしておきます。えさを入れすぎると水が腐ってしまうので注意しましょう。

19 もっと まちを たんけんしよう

49 ページ

1 イ，ウ，カ

2 ① 後ろ　② ゆう先せき
③ えきいんさん

3 ア，エ

アドバイス 1 図書館の本はみんなのものであることを伝えましょう。また，図書館の利用には，様々なルールやマナーがあります。利用する前に，必ずお子さんと一緒に確認しておきましょう。

2 電車などを家族や大人と利用するときと子どもだけで利用するときとでは，お子さんの心理状態が変化します。安全やマナーについて，考える機会を持ちましょう。

3 災害はいつどこで起こるかわかりません。家だったら…，通学路だったら…，一人だったら…と，様々なケースを想定し，お子さんと一緒に避難経路などを確認しておきましょう。

20 うごく おもちゃを 作ろう，きせつと くらし

51 ページ

1

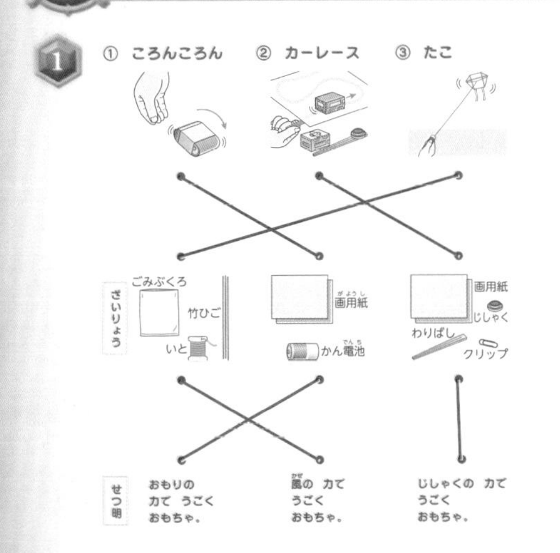

2 春…チューリップ，お花見
冬…お正月，雪あそび

アドバイス 1 動くおもちゃが，どんなものを使っているのか，どんなしくみで動いているのかを意識させましょう。もっと上手に動かすにはどうすればよいかを考え，試し，工夫することは，お子さんの探究心を育みます。実際に作って遊んでみましょう。①の乾電池は，おもりとして使用しています。

2 身の回りにある自然を観察したり，季節や行事との関わりを意識したりすることで，生活感覚を養うことができます。四季の移り変わりと生活の様子が密接に関わっていることに気づけるように，生活にも季節感を取り入れてみましょう。

21 こんなに 大きく なったよ

53 ページ

1 2 3 省略

アドバイス 1 お子さんが生まれたときや小さかったときの様子，思い出深いエピソードについて話してあげましょう。お子さんが自分自身の成長を振り返り，支えてくれている人々について考える機会にもつながります。

2 3 学年の終わりには，1年間を振り返り，できるようになったこと，成長したことを褒めてあげましょう。

22 なかまの かん字 55ページ

1 ①赤・黒・青・茶　②南・北・東・西（各順不同）

2 ①春・夏・秋・冬　②朝・昼・夜　③午前・午後

3 ①父　②母　③姉　④兄　⑤弟　⑥妹

4 ①馬・牛・鳥・魚　②国語・算数・音楽・生活

アドバイス

1 ①一・二年生で習う漢字を使って表せる色は、他に「白」「黄色」「金色」があります。

4 ①一・二年生で習う漢字を使って表せる生き物は、他に「犬」「虫」「貝」など、②一・二年生で習う漢字を使って表せる教科は、他に「体いく」「道とく」「図工」などがあります。

23 同じ ぶぶんを もつ かん字 57ページ

1 ①広・店　②道・通　③顔・頭

2 ①―灬　②―⻗　③―氵　④―攵

3 ①門　②弓　③口　④日　⑤宀

4 ①紙・細・線・絵　②読・話・記

アドバイス

1 ①「广」、②「辶」、③「頁」の部分が共通しています。

2 漢字の同じ部分が入る位置は、①は下、②は上、③は左、④は右にあることにも注目しましょう。

24 組み合わせて できている かん字 59ページ

1 ①林　②計　③星　④知　⑤切　⑥思

2 ①明　②姉　③鳴　④読

3 ①王・里　②日・寺　③竹・合　④門・日（各順不同）

4 ①石　②止　③木

アドバイス

1 ①・②・④・⑤は左右、③・⑥は上下に分かれることに注目しましょう。

4 ①は「岩」、②は「歩（く）」、③は「親」という漢字になることも確かめておきましょう。

25 まちがえやすい かん字 61ページ

1 ①午・牛 ②手・毛

2 ①体・休 ②正・止 ③合・会

3 ①うち・にく ②ほう・まん

4 ①大きい・太い ②小さい・少ない ③数える・教える

アドバイス

2 ③「合う」は「二つ以上のものが一つになる」「一致する」など、「会う」は「互いに対面する」場合に使います。

26 かたかなで 書く ことば 63ページ

1 ①**ア・カ** ②**イ・キ** ③**エ・ク** ④**ウ・オ**（各順不同）

2 チョコレート（チョコ）・[れい] ソフトクリーム（アイス）（順不同）

3 ①ニャー・テーブル ②ザーザー・ビュービュー（各順不同）

4 ①[れい] コートを きる。 ②[れい] スケートを する。（①・②は順不同）

アドバイス

3 ①「ニャー」は動物の鳴き声、「テーブル」は外国から来た言葉、②「ザーザー」「ビュービュー」はいろいろなものの音であることもおさえておきましょう。

27 にた いみの ことば／はんたいの いみの ことば 65ページ

1 ①おどろく ②きれいだ ③おとなしい ④たずねる

2 ①**イ** ②**ア** ③**ア** ④**イ** ⑤**イ**

3

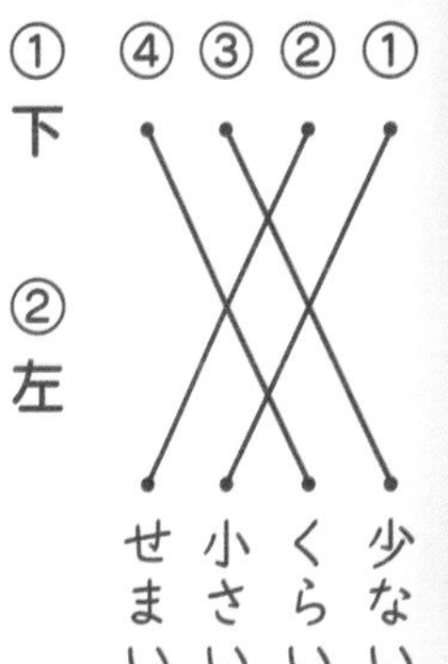
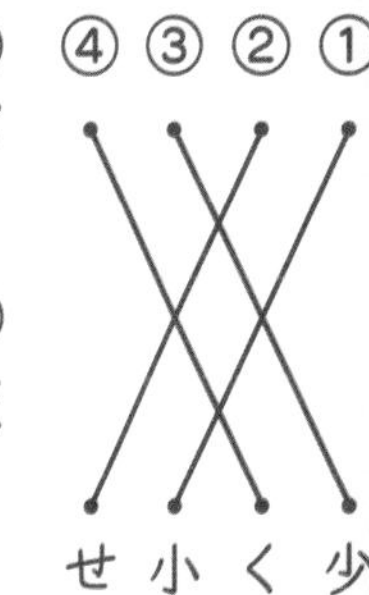
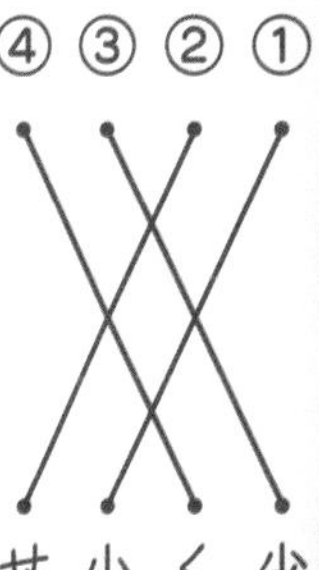

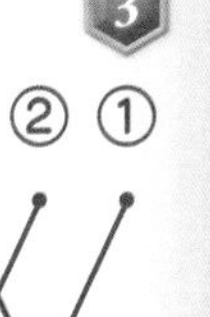

4 ①下 ②左 ③女

5 ①**イ** ②**ア** ③**イ**

アドバイス

2 ④**ア**「しゃがむ」はひざを曲げて腰を落とした姿勢のことで、ベンチや椅子などに座る場合には使いません。⑤**ア**「おいしい」は食べ物の味がよい場合に使います。

5 ①**ア**「はく」は靴の場合、②**イ**「やすい」は値段を表す場合、③**ア**「こい」は味や色などの濃度を表す場合の反対の意味の言葉です。

28 音や ようすを あらわす ことば　67ページ

1 ①イ　②イ　③ア　④イ　⑤イ

2 ①ぷかぷか　②きらきら　③ぐらぐら　④べとべと

3 ①ほかほか・サクッ　②ケロケロ・ぴょん（と）

4 ①ねむる　②歩く　③食べる　④わらう

アドバイス

1 濁音の言葉は強い印象を与えることをとらえましょう。

2 ①「ぷかぷか」は軽い物が水面に浮かぶ様子などを表します。②「ぎらぎら」は太陽の強い日差しなど強く光り輝く様子を表します。③「くらくら」はめまいがして倒れそうな様子を表します。④「へとへと」はとても疲れている様子を表します。

29 丸（。）・点（、）・かぎ（「」）の つかい方　69ページ

1 ①わたしは、三人きょうだいだ。
②本を　読むのが、すきだ。
③土曜日は　家で　休み、日曜日は　出かける　よていだ。
④雨が　ふりそうだったので、かさを　もって　出かけた。

2 ①わたしは妹と、お母さんをげんかんまで出むかえた。
②わたしは、妹とお母さんをげんかんまで出むかえた。

3 校門の　ところで　友だちに会ったので、元気よく「おはよう。」と、あいさつしました。でも、友だちは、なんだか　元気がありません。気に　なって、「どうしたの。」と　聞くと、「ちょっと　おなかが　いたい。」と　言ったので、ほけん室にいっしょに　行きました。

4 ①「先生、さようなら。」
②のどが　かわいたので、水をのんだ。
③まず　顔を　あらう。それから　はを　みがく。

アドバイス

3 原稿用紙に書く場合には、丸（。）と閉じかぎ（」）は同じます目に書くことを覚えておきましょう。

30 だれ（何）が　どう　する（主語・述語）　71ページ

1 ①ウ　②ア　③イ　④ア　⑤イ

2 ①わたしの　弟は　おしゃべりだ。
②あゆは　川に　すむ　魚だ。
③海は　とても　広い。
④午後から　空が　晴れた。
⑤ねこが　ソファーで　ねむる。
⑥姉は　早おきが　にがてだ。

⑦ボールが　ころころ　ころがる。

3 ①アわたしは　イ行きました
②アケーキは　イおいしい
③ア林さんが　イへんじした

4 ①れい 兄は　毎日　ピアノを　ひく。
②れい ばらの　花が　きれいに　さく。
③れい 朝から　雨が　しとしと　ふる。

アドバイス 4 ①主語は「兄は」、述語は「ひく」、②主語は「花が」、述語は「さく」、③主語は「雨が」、述語は「ふる」です。

31 ものがたりの　読みとり①　73ページ

1 れい（森の　おくの）小さな　ぬま・（とても）もの知り

2 だから

3 （下の）は・小えだ

4 ①市場・野・牛肉・買
②日曜・朝食・前・歩

5 ①ひき　②わ
③とう

アドバイス 2 おじいさんがえるが物知りなので、森の動物たちが相談に訪れるという流れをつかみましょう。

32 ものがたりの　読みとり②　75ページ

1 ぶらんこ

2 おどろいた

3 おきあがれなく・コガネムシ

4 ①話す　②近い
③帰る　④歌う

5 ①とび上がる　②思い出す
③青白い　④細長い

アドバイス 2・3 ━線より後の部分に注目して読み取りましょう。

5 上の言葉の形が変わることに注目しましょう。

33 せつめい文の　読みとり①　77ページ

1 バランス・ジャンプ

2 しっぽ

3 足が　三本　ある

4 ①時間・教室・読書
②晴・原・鳥・羽

5 ①たき　②こおり
③りんご

アドバイス 3 しっぽだけで立つことができるなど、しっぽが足と同じような働きをしていることに注目させます。

34 せつめい文の 読みとり② 79ページ

1 とびかかる・ジャンプ

2 岩場・かくれる

3 そこで

4 ①強い ②新しい ③高い ④考える

5 ①だから ②それから ③でも

アドバイス 1 この文章で述べている「ジャンプ力」とは、上に跳び上がる力ではなく、水平方向に長い距離を跳ぶ力のことです。

35 しの 読みとり 81ページ

1 あめ（の つぶつぶ）

2 ぷるん ぷるん ちゅるん

3 おもくなれ あかくなれ

4 ①三角形 ②古新聞 ③黄土色 ④図画工作

5 ①じっくり ②うっとり ③ぐっと ④そっと

アドバイス 1～3 第一連ではぶどう、第二連ではりんごのことをうたっています。繰り返しの表現や、対応した表現に注目して味わいましょう。

36 作文の 書き方 83ページ

1

（一ます あける。）わたしは、友
だちから、
「この本がおも
しろいから、
（一ます あける。）読んでみて。」
（一ます あける。）と、すすめられ
ました。

2 ①きのう公園でわたしと妹はあそんだ。
②二時間目に音楽室で二年二組のみんなが歌った。

3 ② れい つぎに、土に水をまぜて、丸い形にします。
④ れい それから、一時間たったら、③をくりかえします。

アドバイス 1 「読んでみて。」の丸（。）と閉じかぎ（」）は、同じます目に書くようにしましょう。
2 「いつ」「どこで」「だれが（は）」「どう した」の順に書けているか、確かめましょう。文の途中に適宜点（、）を入れていても構いません。
3 順序を表す言葉を入れて書くことに注意しましょう。また、①・③・⑤とそろえて、文末を丁寧な言い方で書くようにします。